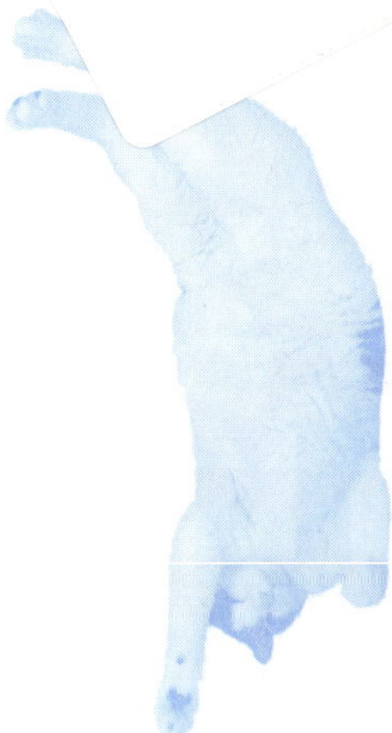

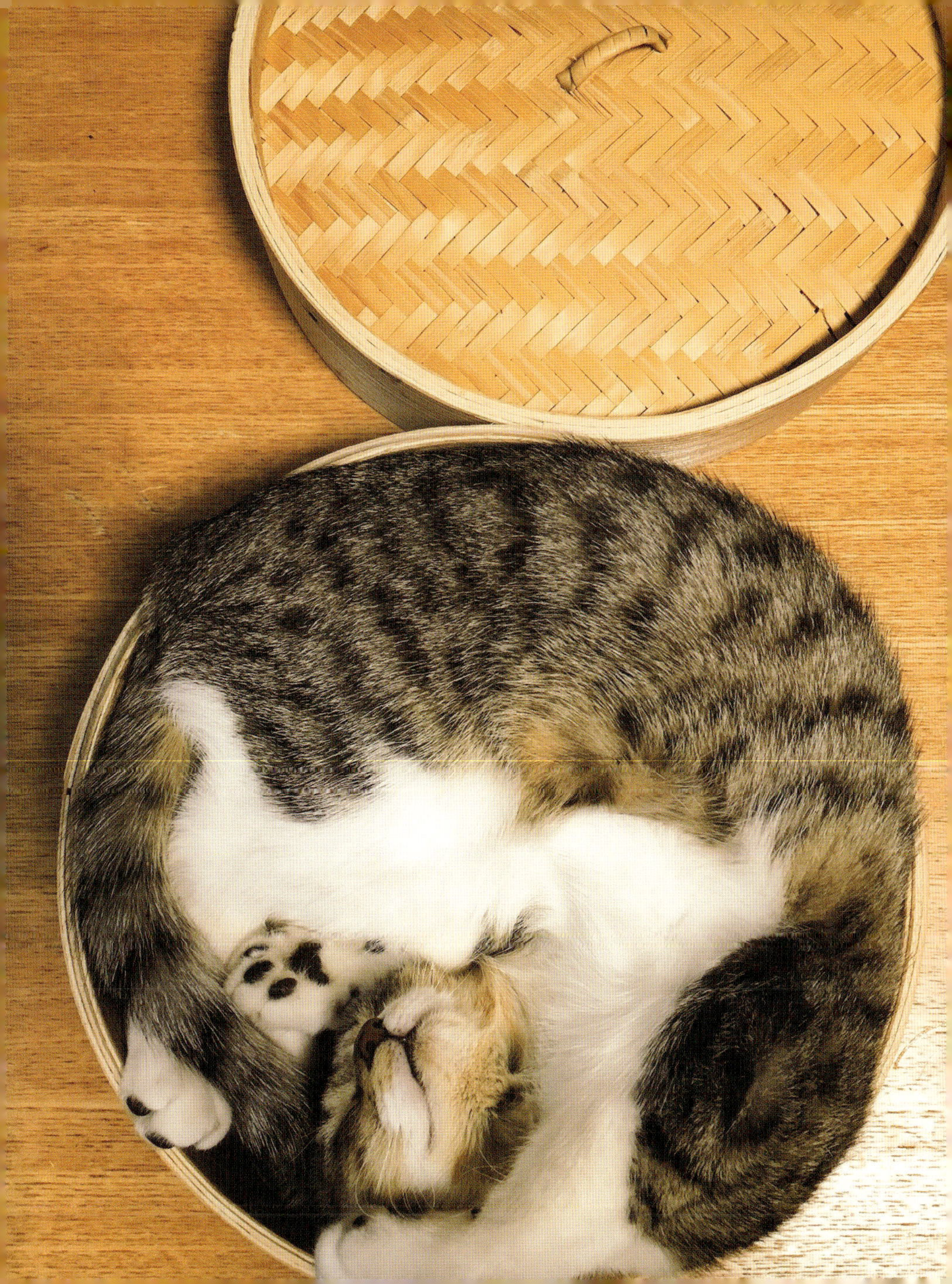

ココニャ

和歌山県在住。自営業。保護した赤ちゃん猫姉妹（サバ身・トラ身）が障子をぶち破る元気な美猫に成長。先住の４匹の猫（大猫・中猫・むっさん・テンテン）と犬１匹（イッヌ）、人間２人との賑やかな暮らしぶりと美味しそうなご飯がSNSで大人気。

blog　http://www.koko-manma.com/
Twitter　@kokonananya
Instagram　@kokosabatoranya

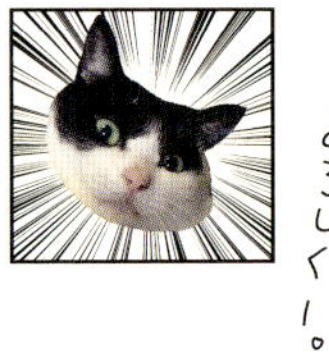

編集・ブックデザイン　樋口かおる(konekonote)

ココニャさんちの障子破り猫軍団

2017年５月20日　初版印刷
2017年５月30日　初版発行

著者　ココニャ
発行者　小野寺優
発行所　株式会社河出書房新社
〒151-0051東京都渋谷区千駄ヶ谷2-32-2
電話 03-3404-8611（編集）
03-3404-1201（営業）
http://www.kawade.co.jp/

印刷・製本　三松堂株式会社

ISBN978-4-309-27842-1
Printed in Japan

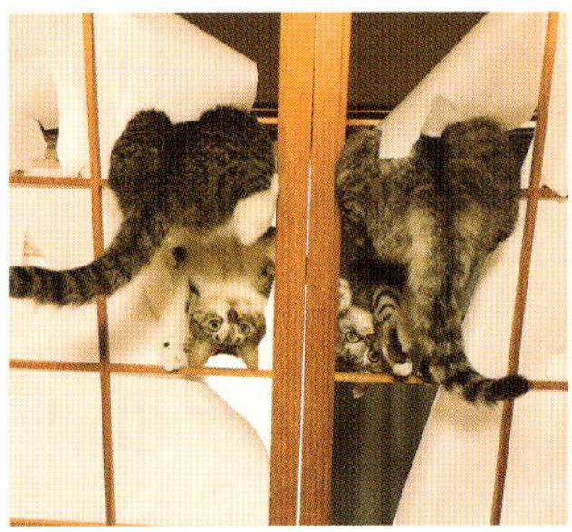

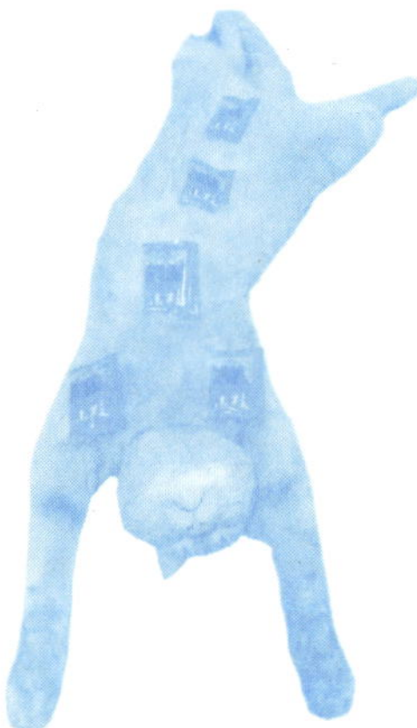

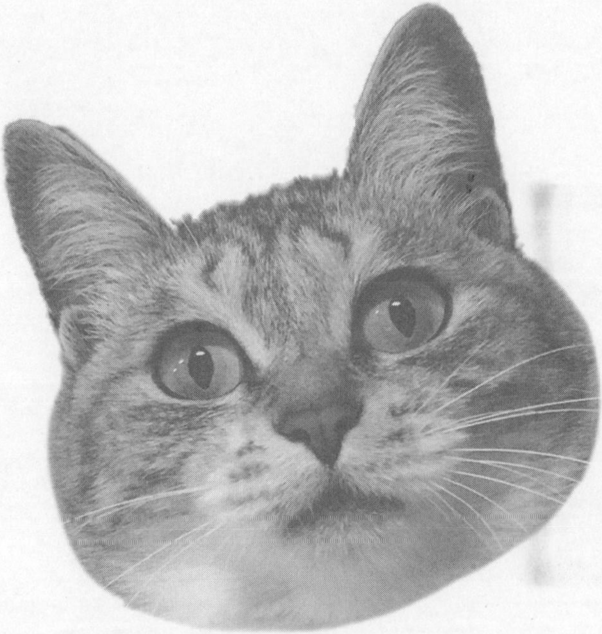

sabami

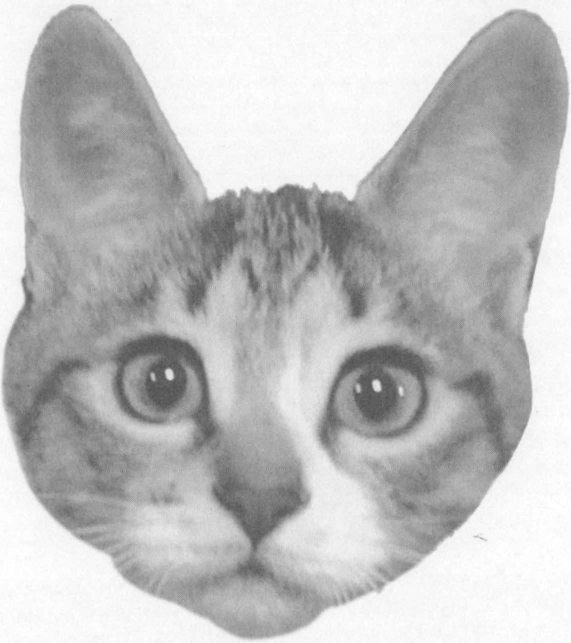

torami

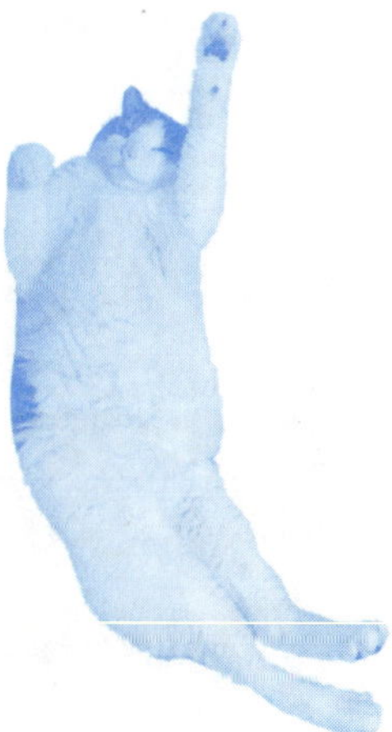

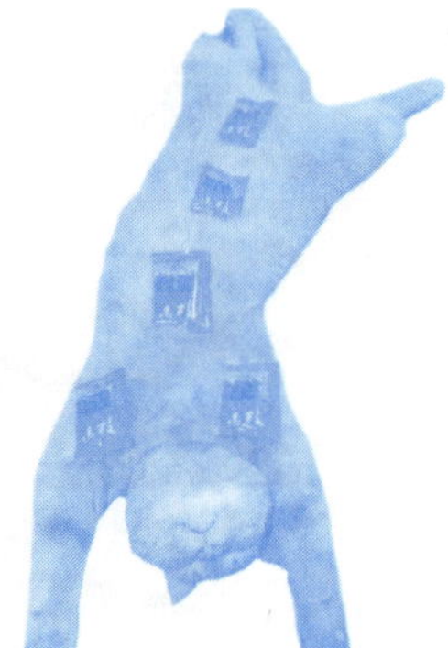

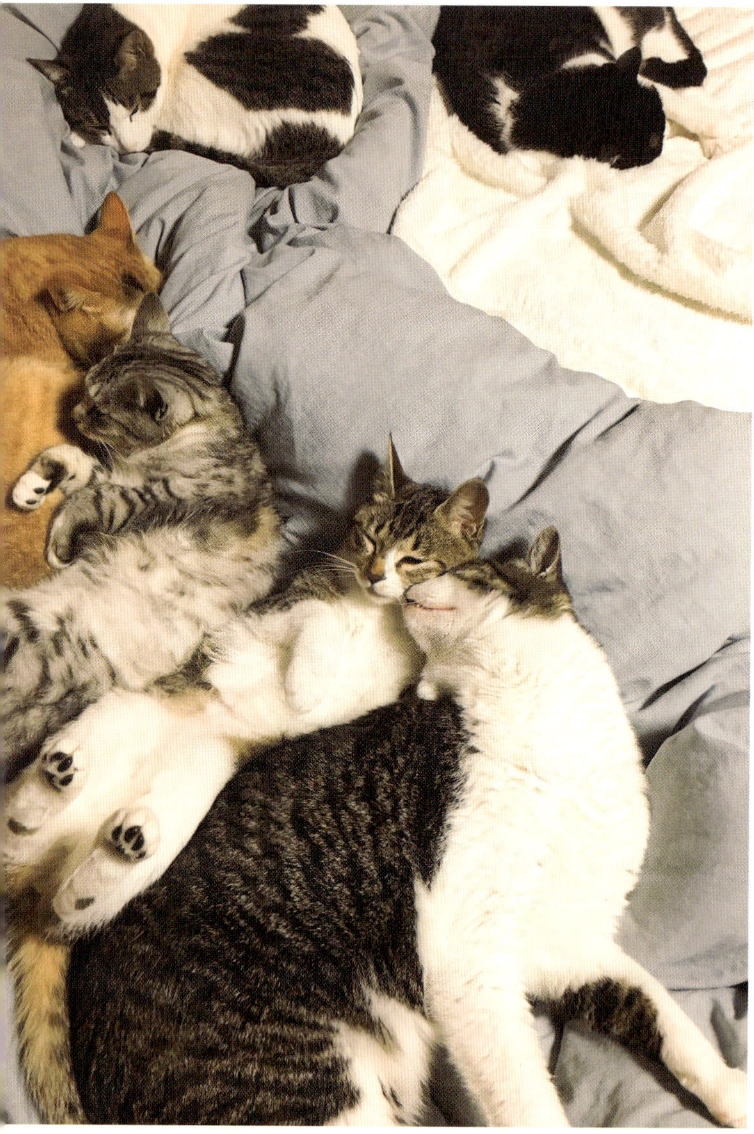

ココニャさんちの
障子破り猫軍団

はじめまして。
「三度の飯と猫が好き」が座右の銘、ココニャと申します。
我が家には6匹の猫と1匹の犬がともに生活しておりまして、
毎日それこそ「文化祭の前日」のようなにぎやかさ。

今日も家のどこかで、~~猫が吐く……障子を破る……キーボードの上で寝る……イヌがサイレンにあわせ遠吠える……（半泣き）~~
（仕切り直し）
今日も家のどこかで、猫がうっとりとストーブ前で寝転ぶ……
あたたかな日差しに腹を干す……
ごはんを食べ終わり満足そうに口のまわりを舐める……
穏やかでにぎやかな毎日にようこそ！
この本ではそんな我が家の様子をご紹介します。

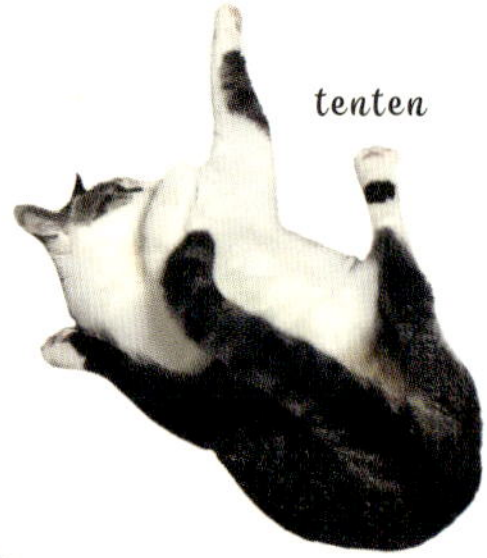

tenten

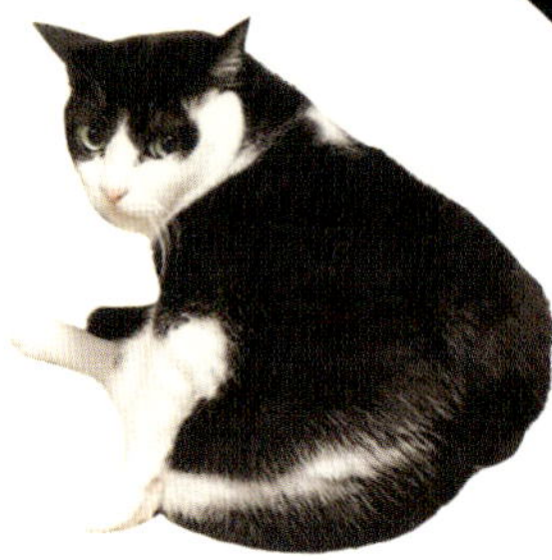

oneko

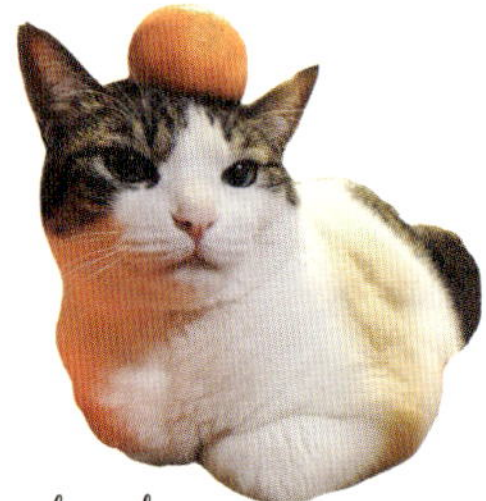

chuneko

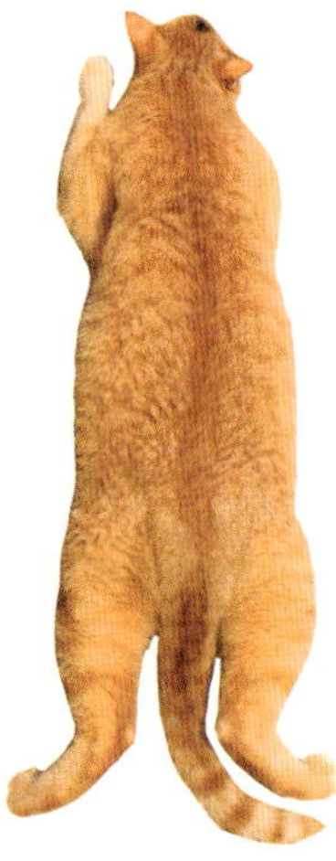

mussan

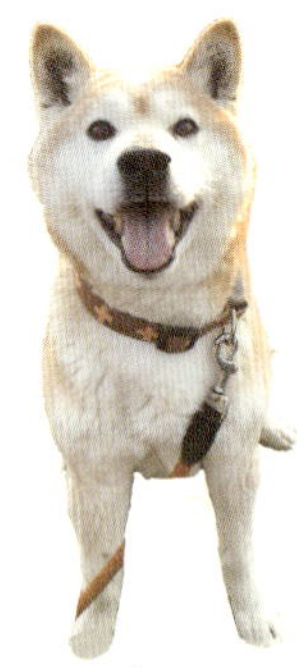

innu

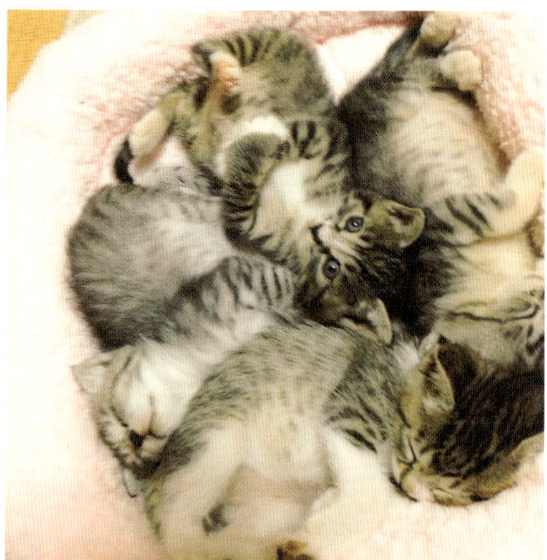

sabami,torami,hana,raul

孤高のサバトラ

プロフェッショナル ―猫の流儀―

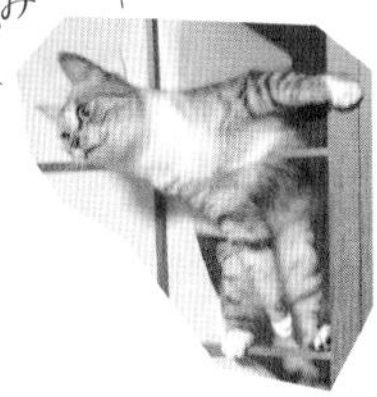

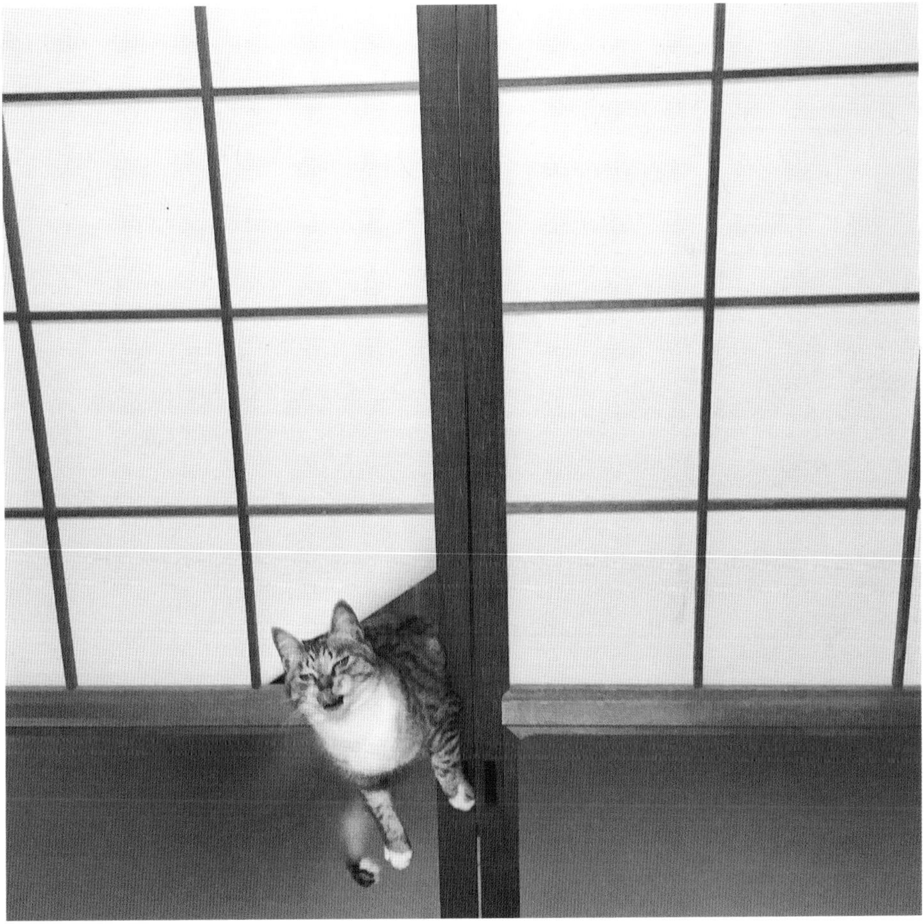

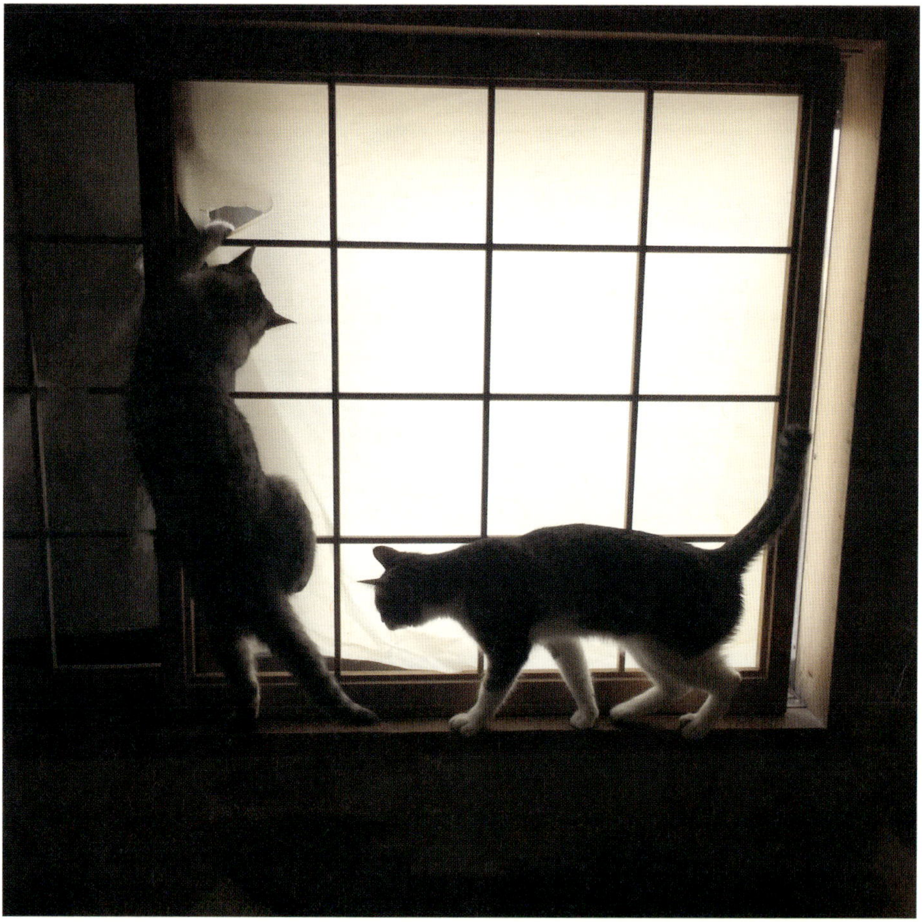

フロンティアスピリッツ。

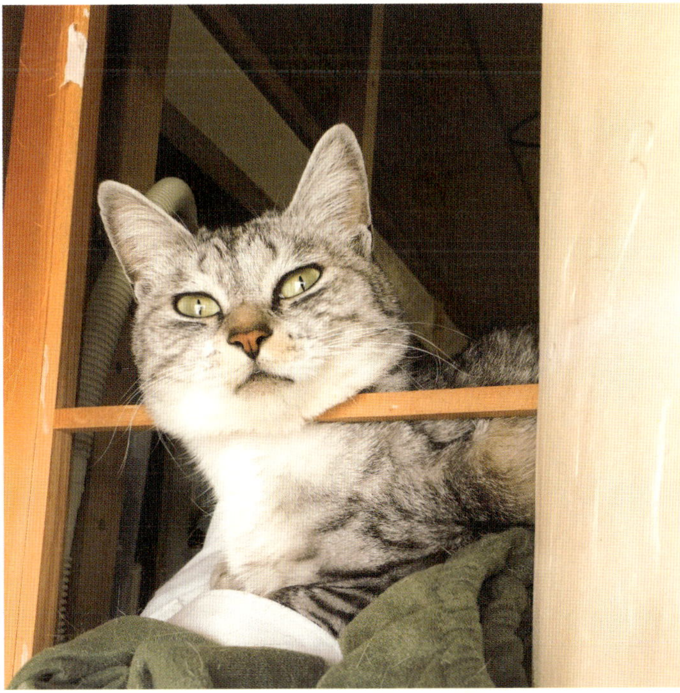

一流障子クライマー
「サバ身」が語る
プロフェッショナルとは。

「目の前にある
障子を
ぶち破る。」

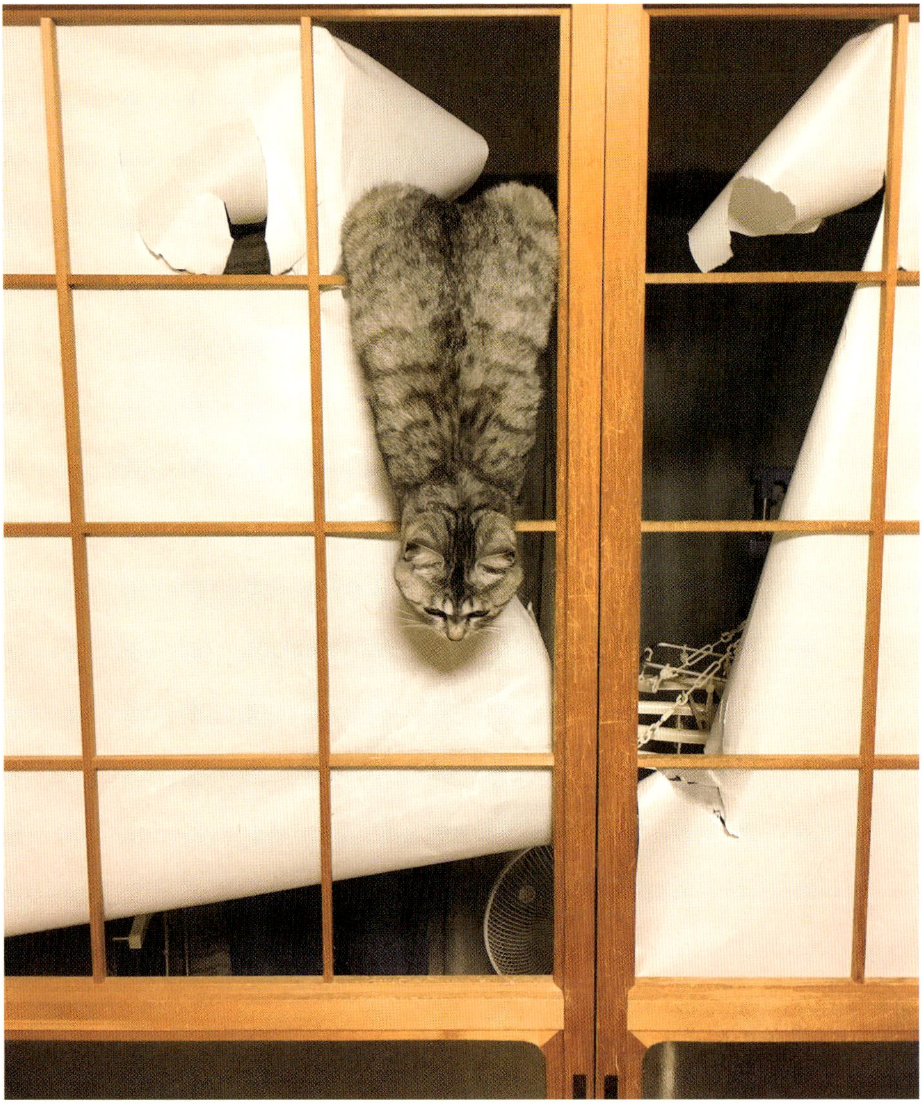

「サバ身の障子干し」

※この障子は超強プラスチック障子紙を使用しています。

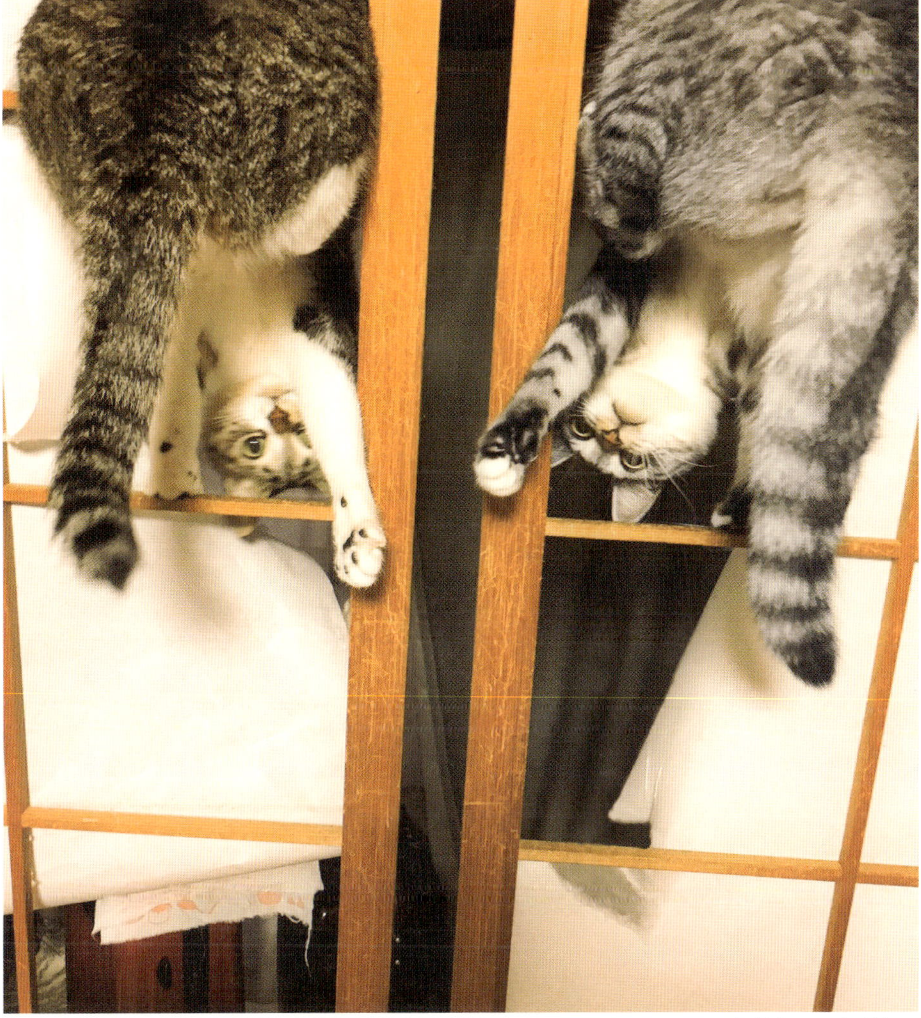

サバ身（右）、トラ身（左）

サバ身とトラ身。通称サバトラ。
最高の相棒と、最高の仕事。

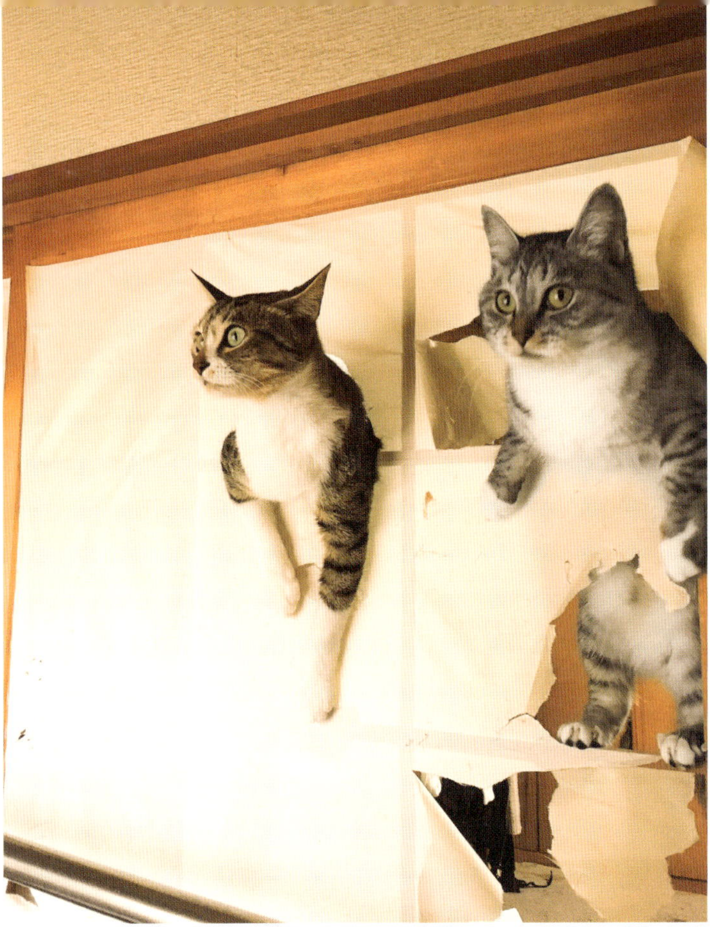

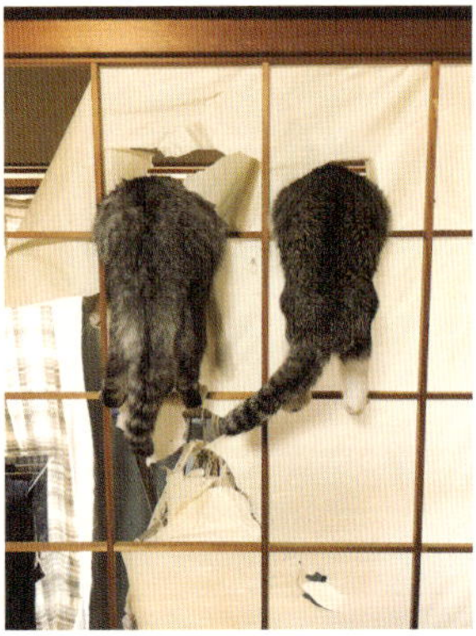

向上心しか、ない。

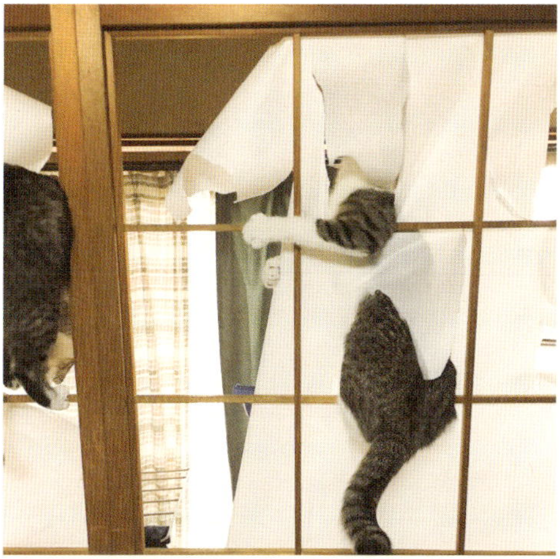

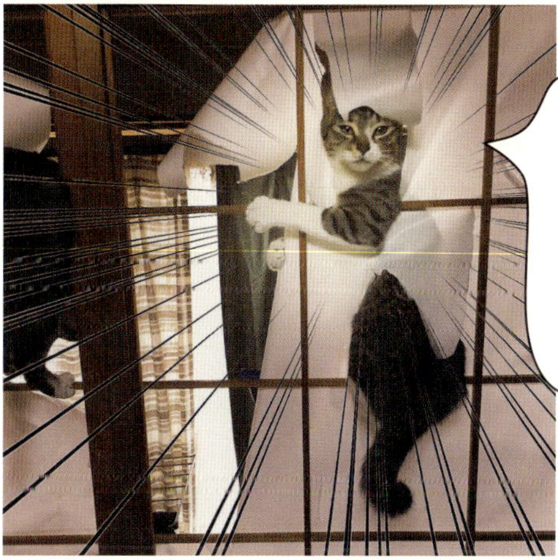

障子が、全て教えてくれた。

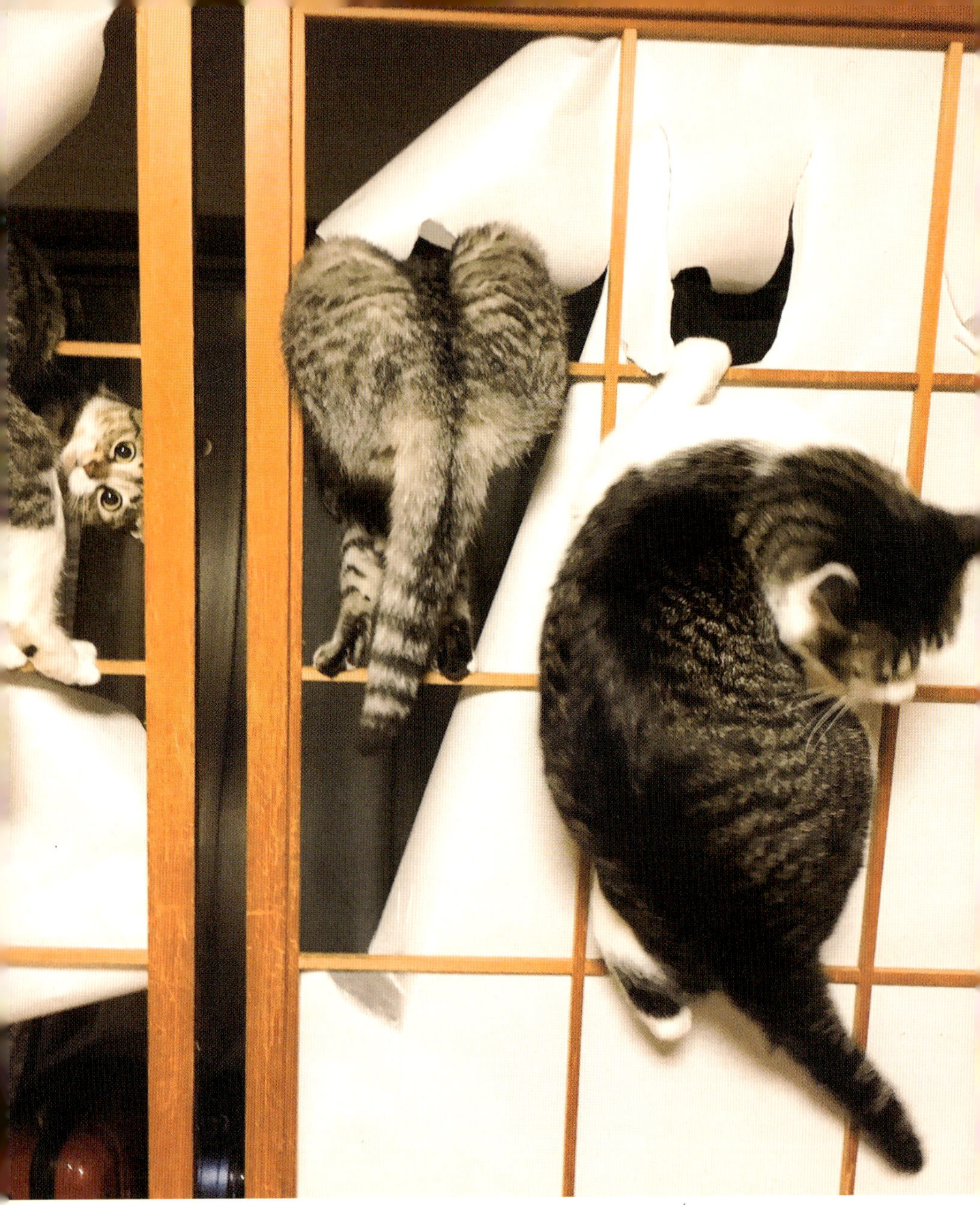

「レッツゴー3匹」

テンテン（右）も参戦！

ココニャさんちのおウチ猫軍団（＋犬）

誇り高きココニャ猫界の王

白と黒の一級カニ師

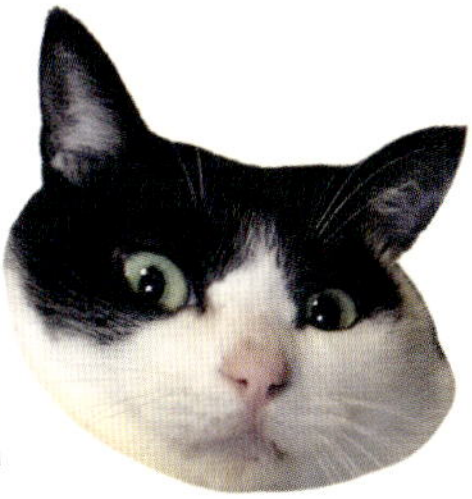

大猫

（本名）ココ、♂、10歳、白黒

【やってきたわけ・性格】

会社の駐車所に住み着いていた子猫でしたが、やせ細っていたところを拾われて我が家に持ち込まれました。ウチでは縞模様のないただ一匹の猫で、性格はおっとりとして思慮深い気がします。白黒なので「パンダもどき」や「ウシ」などとも呼ばれています。ココニャの名前の由来でもあります。

【好きなもの・場所etc.】

カニ、特に「ナマのカニ」を目にすると顔色が変わります。お風呂場好きのためSNS登場回数は低めですが、カニの匂いを察知するといつの間にかテーブル近くで待機しています。

面倒見の良いちい兄ちゃん

魅惑のすまん寝職人

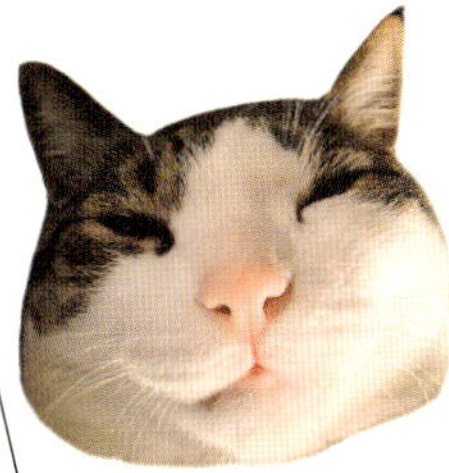

中猫

（本名）ジュウ、♂、8歳、白キジ

【やってきたわけ・性格】

牛後1週間ほどの目も開いてない状態で拾われてやってまいりました。弱っていて「ダメかもしれない」と鬼気迫る雰囲気で育てましたが、今はまるまるしていてその頃の面影はありません。完全人間信頼型の猫で常に人間の一番近くにいます。性格は優しく、新入り猫たちのパッパ的存在で慕われております。

【好きなもの・場所etc.】

腹丸出しで寝るのが好きで「トド松」「トッドちゃん」などと呼ばれています。完璧な「すまん寝」を人間に奉納されるのもこちらのジュウです。

ココニャさんちの障子破り猫軍団

ココニャ

河出書房新社

世界の障子破り職人

おまぬけ顔は世をしのぶ仮の姿

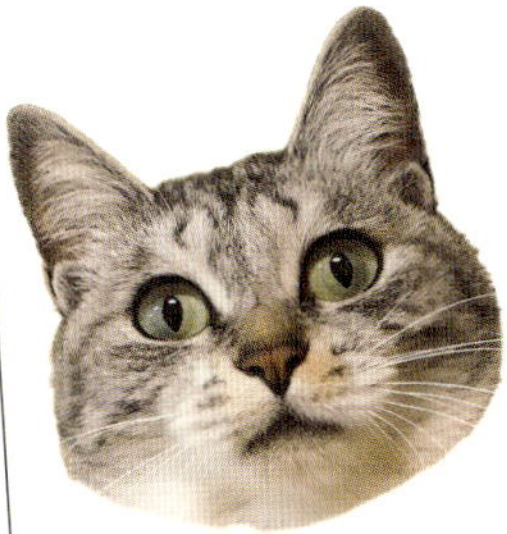

サバ身

（本名）サバ身、♀、１歳、サバ白

【やってきたわけ・性格】

トラ身と姉妹（詳しくはP19〜）。赤ちゃんの頃は目やにが多く便秘がちでしたが、今はメタボ化が心配されるものの元気いっぱい。新しい家具なども一番に開拓していきます。トラ身の事が大好きで、いつも一緒。

【好きなもの・場所etc.】

生粋のクライマーなのかヒトの背中に登るのが大好き。音もなくヒトの背後に忍び寄り「キュウウーーー」という鳴き声が聞こえたと同時に背中をかけ登ってきます。ご主人の背中から生傷が絶えることはありません。

甘え上手な小悪魔

障子破り職人ナンバー2

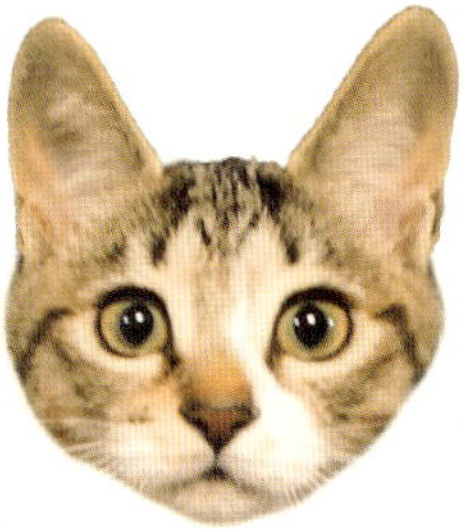

トラ身

（本名）トラ身、♀、１歳、キジ白

【やってきたわけ・性格】

サバ身と姉妹（詳しくはP19〜）。身体も小さく心配しましたが、人間の身体でボルダリングして頭の上に登ったり顔めがけて飛びついてきたりと、可愛いながらもやることはエグい悪戯好きな子に成長しました。

【好きなもの・場所etc.】

トラ身が愛してやまないもの……それは「革紐」。前世は女王様だったのか、革紐をムチのように振り回すとテンションうなぎ登り。革の紐をおもちゃ箱から取り出すと、どこにいても走り込んでくるので「トラ身ホイホイ」に。

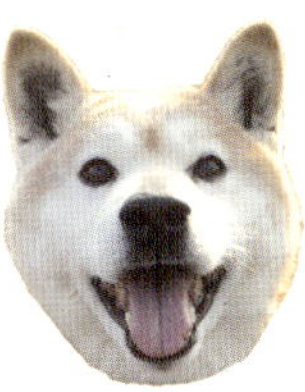

イッヌ

（本名）ハチ、♂、11歳、柴犬

【やってきたわけ・性格】

子犬の時に友達宅から我が家へやって来ました。気候のいい時期はお外で警備員、あとは自宅警備員をしています。通学途中の小学生に「イヌ!!　おるかイヌ!!」と挨拶されたり、ご近所のお年寄りに魚をもらったりと可愛がって頂いています。

【好きなもの・場所・おもちゃ】

散歩中にヒトとすれ違う時は必ず止まっておすわりをしてやり過ごしてから散歩を再開する（イヌが怖いヒトがいるかもしれないから）のですが、その時にもらえるささみジャーキーが大好物すぎておすわりしながらヨダレを垂らしています。

黄色いニクいヤツ

顔面偏差値70超え

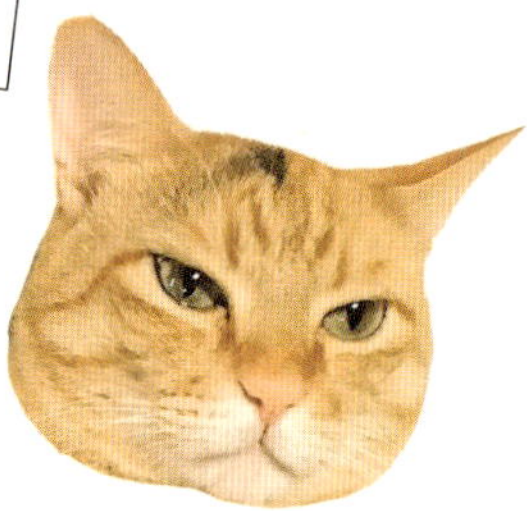

最強のアゴをもつファイター

妹甘やかし兄ィ

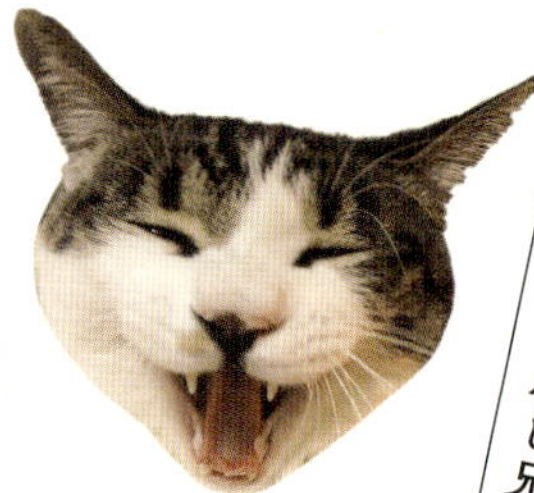

むっさん

（本名）むっ、♂、6歳、茶トラ

【やってきたわけ・性格】

むっさんも目が開いてない時期に麦畑で保護されてやってきた子です。ルックスが良く運動神経も抜群、超肉食系男子でイケイケなむっさん、最近は「エグザイルパフォーマーMUSSAN」と呼ばれています（私に）。大猫から王座を奪い、ココニャ家の猫軍団の王に君臨しているとかいないとか。

【好きなもの・場所etc.】

イケメンむっさんの自覚があるのか、カメラで撮影されるのが大好きです。カメラを向けると「ま～きの」と王子様スマイルを浮かべてくれるココニャ家の看板タレント。

テンテン

（本名）テンテン、♂、3歳、白キジ

【やってきたわけ・性格】

ヨタヨタ歩いていた子猫で、我が家に連行されました。続いていた噛み癖もおさまり、たくましく成長したテンテン。新入りサバトラちゃんの良き兄貴分として面倒を見たり、打倒！　王者むっさんを目標に掲げて日々チャレンジング。お鼻が黒い＆お鼻の下にカレーの染み風の模様があります。

【好きなもの・場所etc.】

テンテンの好きなもの、それは「筋トレをする人間」。深夜、ヒトが取りすぎたカロリーにおびえ筋トレを始めるとやってきて、なんなら背中に乗って負荷をかけてくれるスポ根猫。

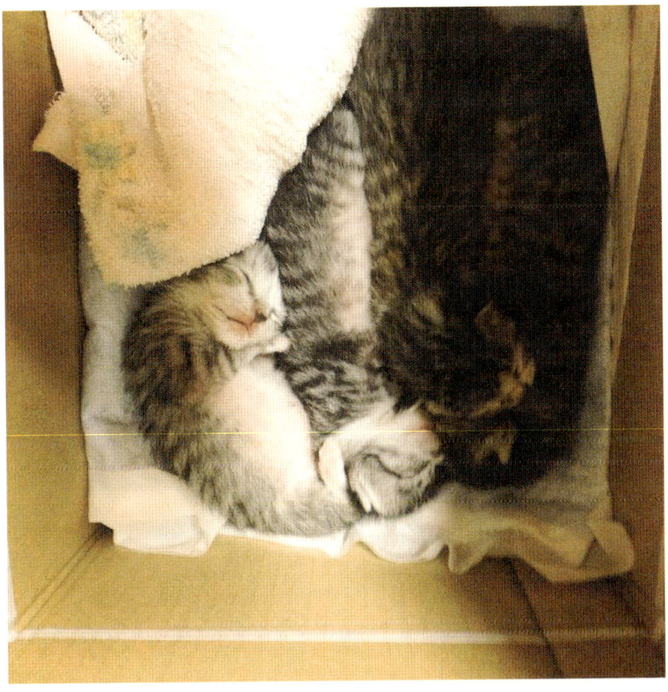

8.29 ドッドッドッ……←心臓の音

サバトラがやってきた

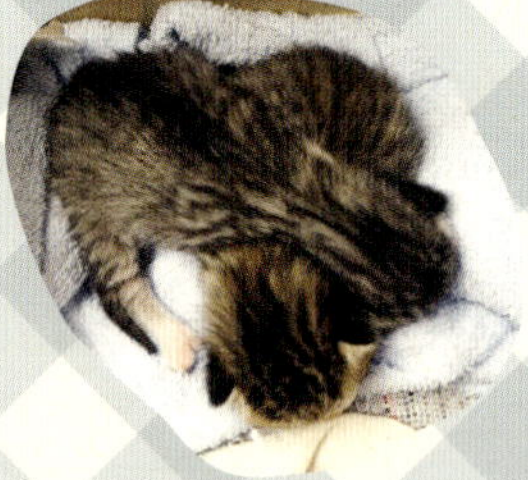

４匹の子猫との出会い

ある夏の日の午後、神戸に住む父から突然電話が入りました。

「公園で散歩していると、目も開いてないような赤ちゃん猫を
４匹連れた自治会長に会った。話を聞いてみると、
公園のしげみで鳴いていたのを保護して、これから警察か
保健所に連れていくところだと言っている。
もし引き取ったとして、お前は手助けできるか？」

「すぐに行きます」と答えましたが、私が住む和歌山から
神戸の実家まで２時間近くかかります。車に向かいながら、
「とにかく赤ちゃん猫を引き取り、温めたペットボトルに
タオルを巻いたものを入れたダンボールに
猫たちを入れておいてくれ」とジャック・バウアーのごとく
父に電話で指示を出したのでした。

着いた先で見たのはまだ目も開いていない
「カブトムシの幼虫か？」と思うようなサイズの４匹の
赤ちゃん猫（生後５日ほど）。触れるために伸ばした指先が
震えたのを覚えています。

サバとトラが我が家へ

もつれるように重なって眠る４匹の赤ちゃん猫を２匹取り上げて
「それではこの２匹を育てあげることにします」と
親に宣言しますと、親は「では残りの方はウチで頑張ります」と
笑いました（何故かお互いに敬語）。

まだ手のひらサイズの赤ちゃん猫２匹は手の中でもたりもたりと
動き、少し手に力を入れるだけでも壊れてしまいそうでした。
赤ちゃん猫を車に乗せて神戸から和歌山に帰る途中
「生きてるかな」と心配になり、パーキングがあるたびに寄り
ダンボール箱をそっと開いて２匹の寝息を確認しました。

「ちゃんと育てられるだろうか」

運転しながら不安になり半泣きにもなりましたが
何にせよ取れる最良の選択肢を選んでいくことのみに
集中するしかありません。ここから数ヶ月、赤ちゃん猫たち
（現在のサバ身トラ身）との
日々がはじまります。

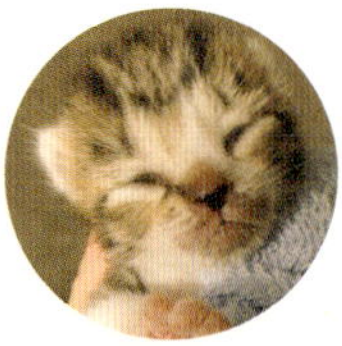

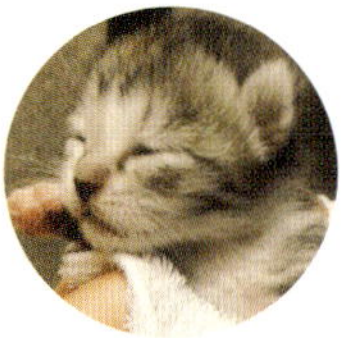

極小タイプがやってきた！
ヤーヤーヤー！（しかも２匹）

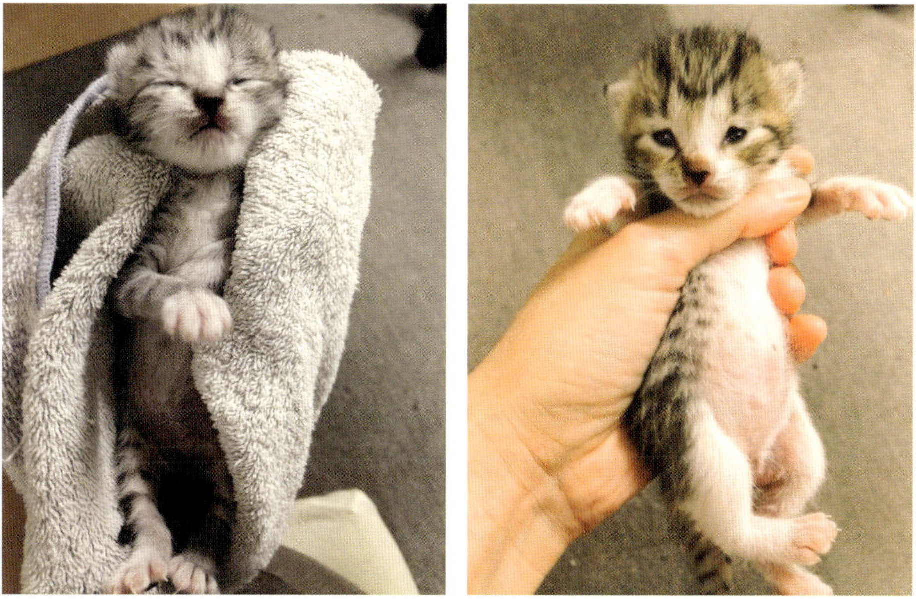

9.1 トラ身の目が先に開いた！

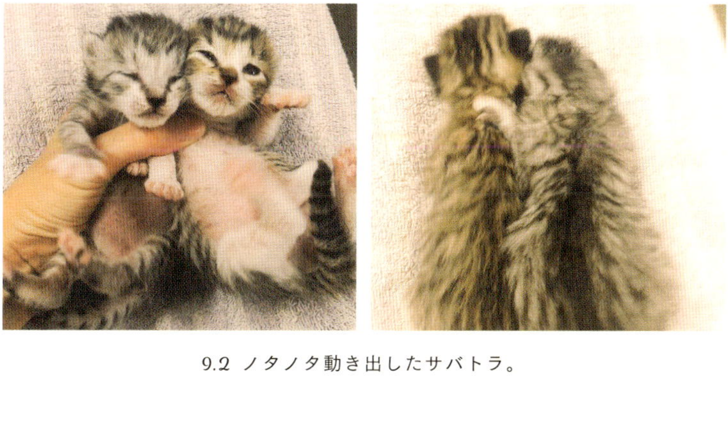

9.2 ノタノタ動き出したサバトラ。

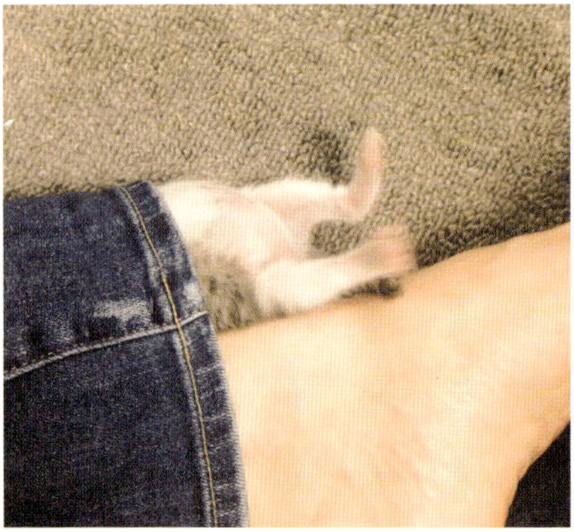

9.3 寝息が聞こえる。

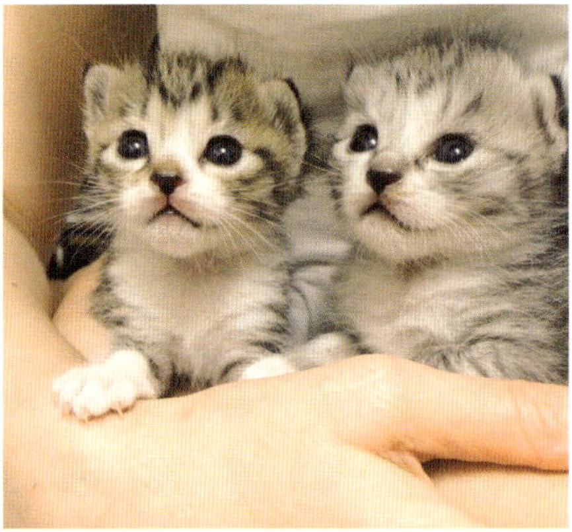

9.13 子猫らしくなってきた。

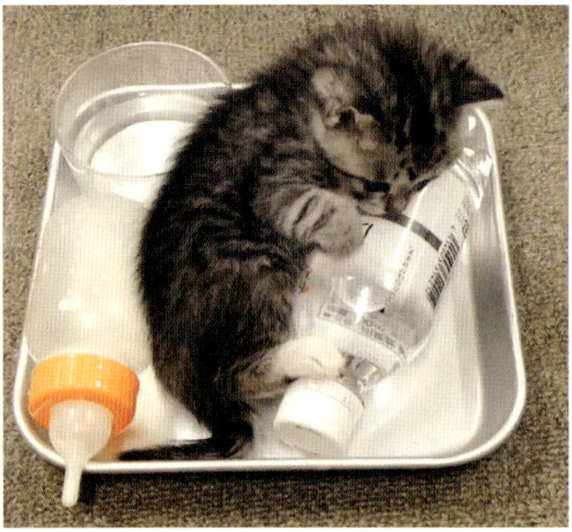

9.18 お湯入りペットボトルで冷えないように。

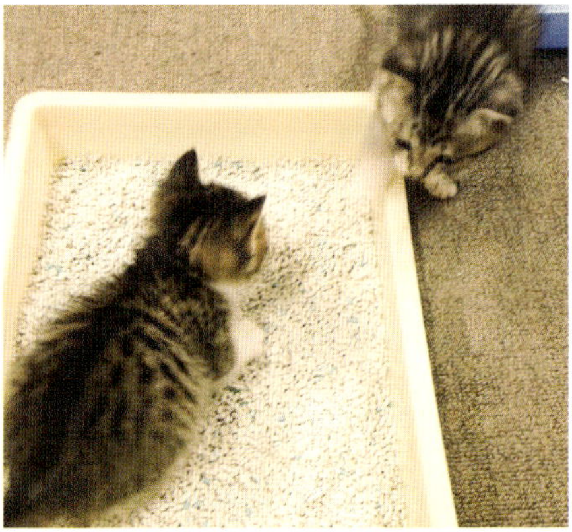

9.25 子猫サイズのトイレ設置。早速シャー。

ハラハラし通しの子猫育て

目が開いていない子猫を育てた経験はあるものの、
２～4時間おきに哺乳、排便を促す（肛門を濡れたティッシュでトントンと優しく刺激）など、母猫の代わりに子猫を育てることは大変です。いつも（ちゃんと生きてるか？）とハラハラし通しでした。
合間には、別のフロアに分けていた先住猫４匹の不満がたまらないようにいっぱい遊んだり。

赤ちゃんの頃はトラ身の方がサバ身より小さかったので、トラ身に先にミルクをあげ、サバ身には待ってもらうことがよくありました。
サバ身の食への異常な執念はこのときの「ミルクをよこせ～」という気持ちが元になっているのかも、と反省しています。

サバ身は便秘がちで、肛門を10分撫で続けてウンチが出た時はもう……嬉しさと疲れが混ざって半泣きでした。
人間の子育てでもそうかもしれないですが、
成猫になった今では「あっという間に大きくなっちゃったな～」と思えます。

トラ３週間の成長

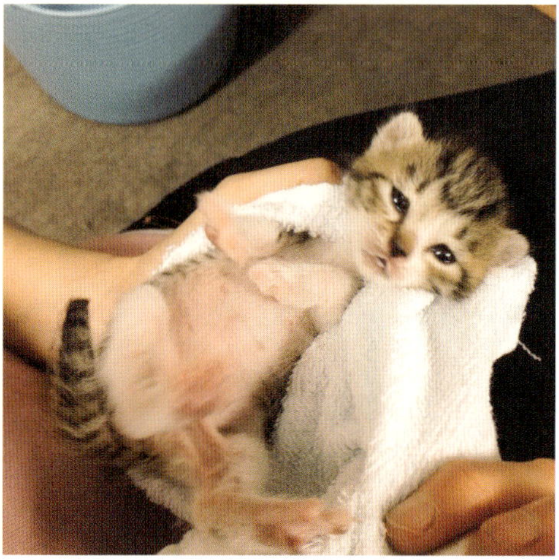

↓

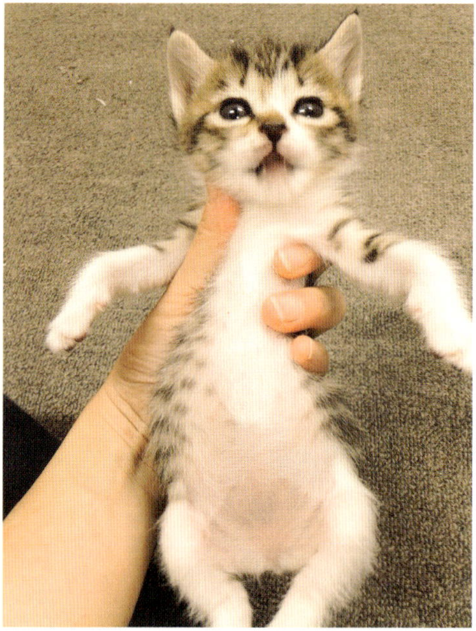

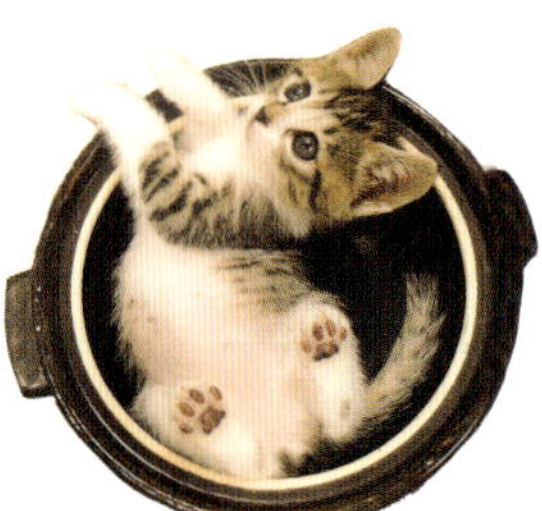

サバ３週間の成長

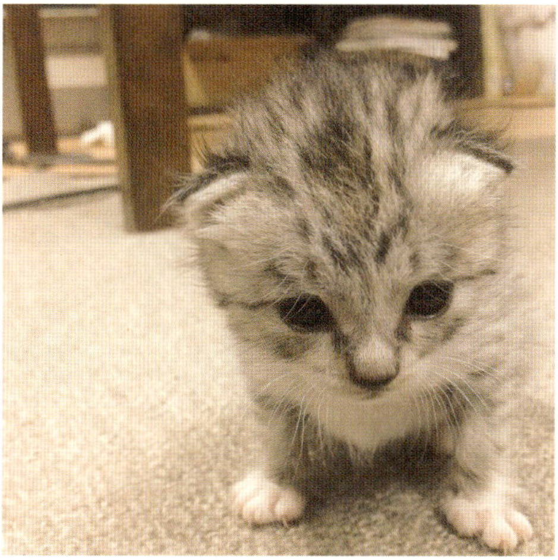

↓

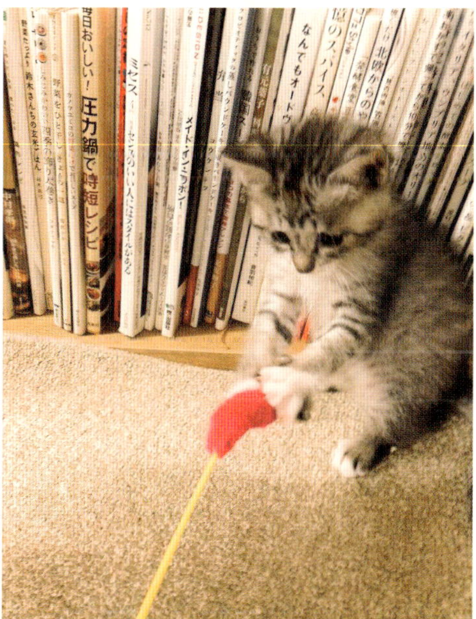

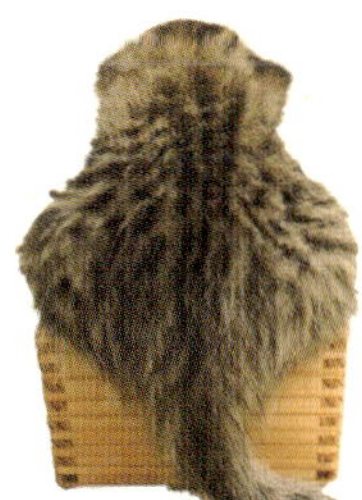

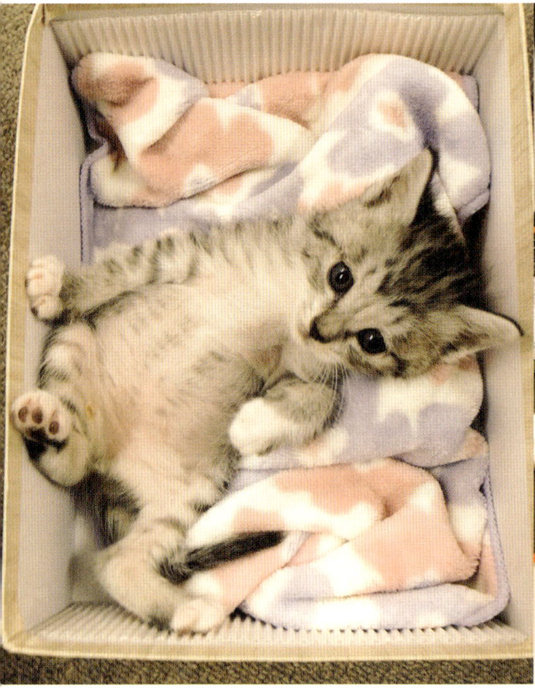

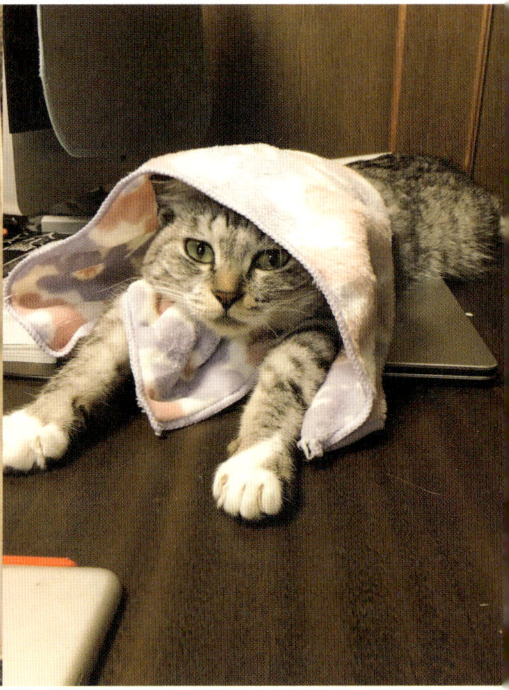

サバ身とお気に入りのモフー

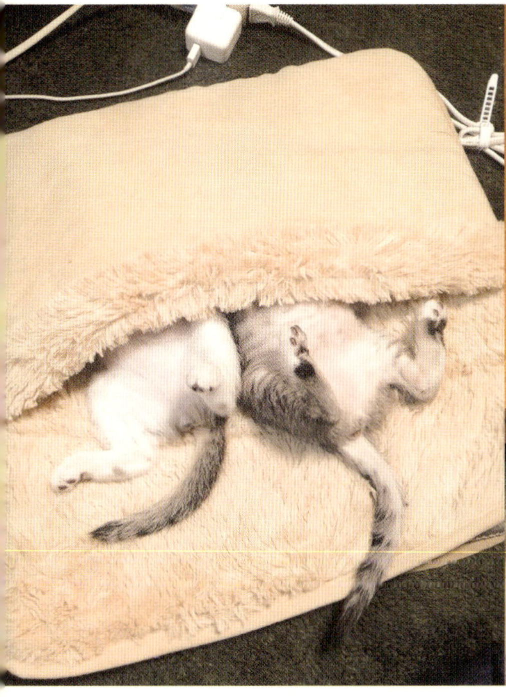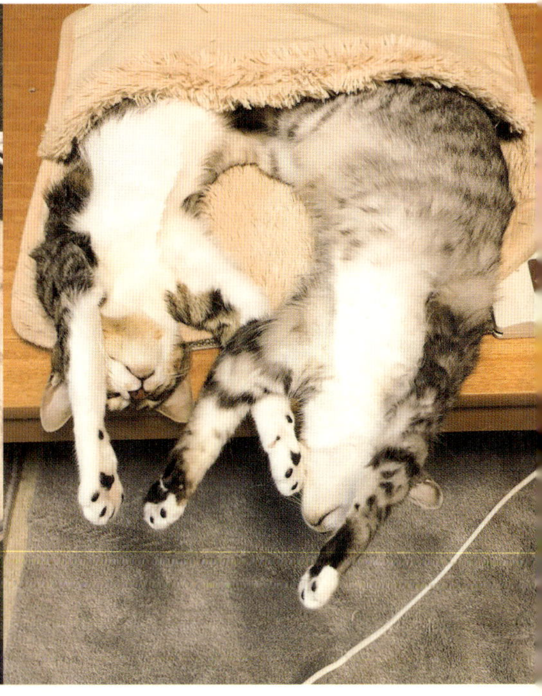

あれから一年

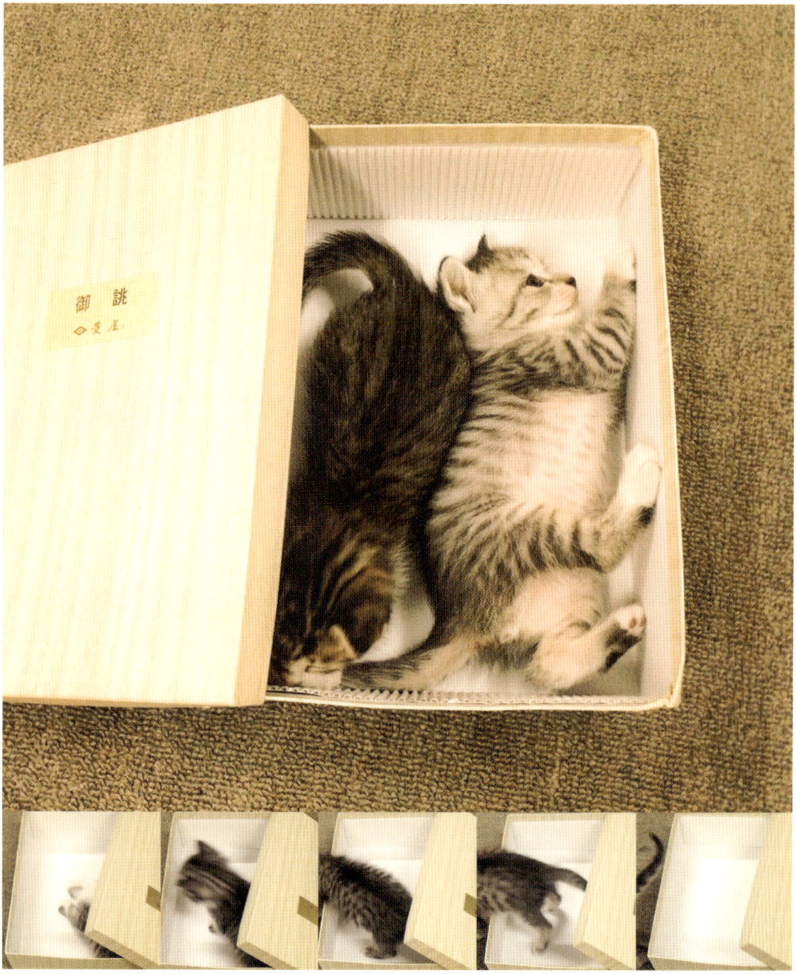

9.22 国宝サバトラでございます。

あなたも

もし、子猫を保護したら……

ある日突然、親猫のいない（注意深く確認しましょう）子猫を保護することもあります。
子猫は弱く、放っておいたら死んでしまう可能性が高いです。
まずは命を繋ぎましょう！

まずは動物病院へ

すでにお家で猫を飼っている時は必ず子猫と隔離します。ノミの有無、オスメスの判別（生後日数により、すぐには判別できないこともあります）、哺乳やフードについてなど的確なアドバイスがもらえます。地域で行方不明の猫がいないかなどの情報がある場合も。健康に見えても連れて行きましょう。

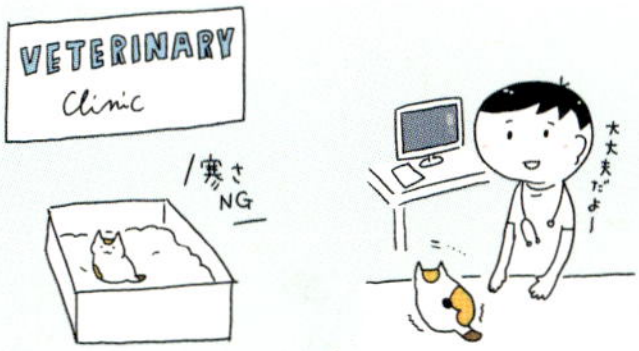

case1

体が冷えて衰弱している

とにかく暖めます！　ぬるま湯を入れたペットボトルを保育箱に置いたり、直接ぬるま湯につけてもいいです（溺れないように）。病院へ行く時も暖めながら。人間用のホットカーペットは熱すぎるので注意。

case2

目が開いていない

生後10日も経っていません。子猫用ミルクを２～３時間おきに与えます（夜間も）。人間用の牛乳はお腹を壊す可能性があります。夜間など、子猫用が手に入らない場合は薄めて人肌にした牛乳に砂糖を少し混ぜて。

case3

目が開いている

生後２週間以上経っている子猫です。子猫用ミルクを与えつつ、歯が生え揃ってきたら離乳食を与えます。哺乳はあおむけではなくうつぶせの姿勢で（目が開いていない場合も）。

case4

自力で排泄できない

親猫がお尻を舐めてお世話する時期の子猫の場合、自力で排泄できないことが多いです。哺乳の前後に濡れたティッシュなどで優しくトントンし、排泄を促してください。

落ち着いたら里親を探そう！

里親探しをする場合、かわいい写真を撮ってSNSで拡散するなどがんばりましょう！　子猫には里親が見つかる可能性も高いです。（先着順で即お渡しするのはやめましょう。里親詐欺にも注意してください。）

取材協力：　**ネコリパブリック**

自走型保護猫カフェや様々なイベントを展開するネコリパブリック。オープンシェルター（土日祝は保護猫カフェ）を運営する岐阜店、一棟丸ごと保護猫のため大阪ネコビル、りんご猫専門の中野店など全国に７店舗。書籍「ネコリパブリック式楽しい猫助け」（河出書房新社）も好評発売中。

NECO REPUBLIC

HP http://www.neco-republic.jp/

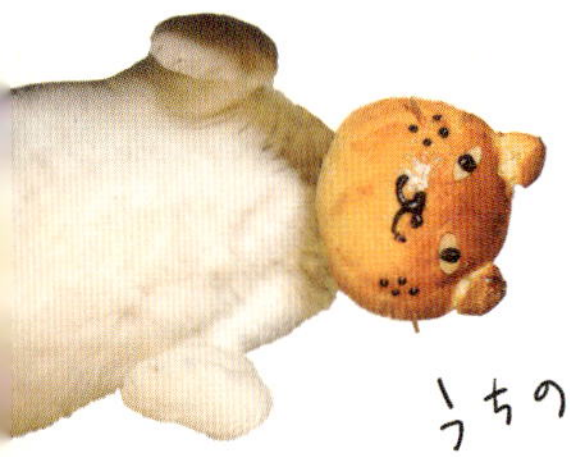

うちの猫たち、焼けた——

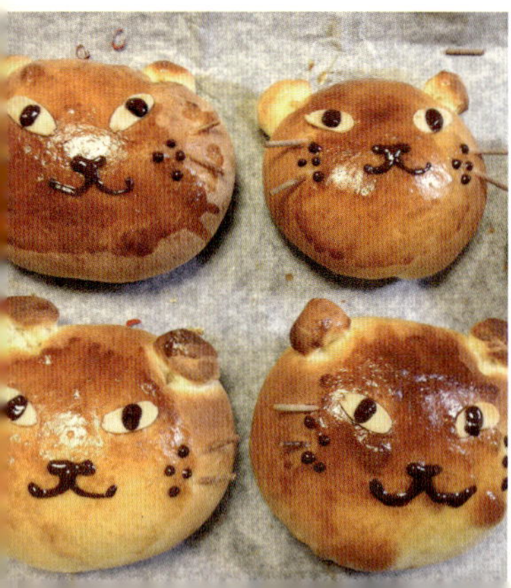

むっさんの一言

MUSSAN

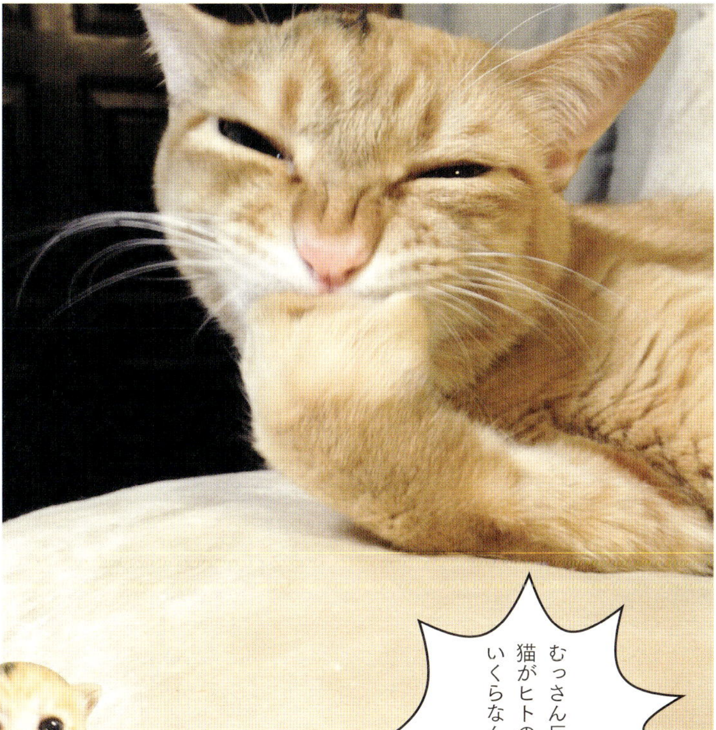

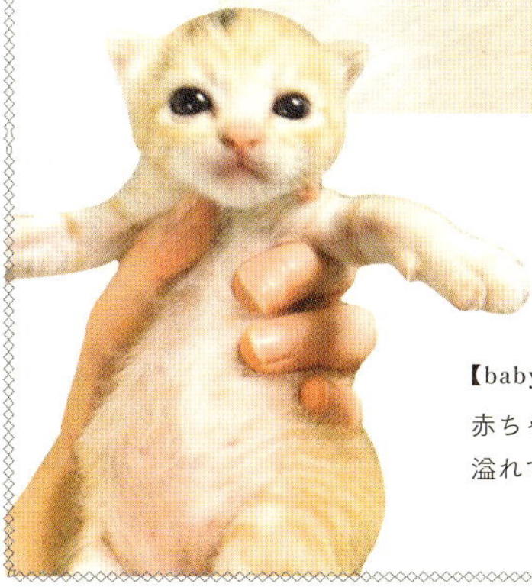

【babyむっさん】

赤ちゃん時代から生命力に
溢れていたむっさん。

ココニャさんちの仲間猫たち

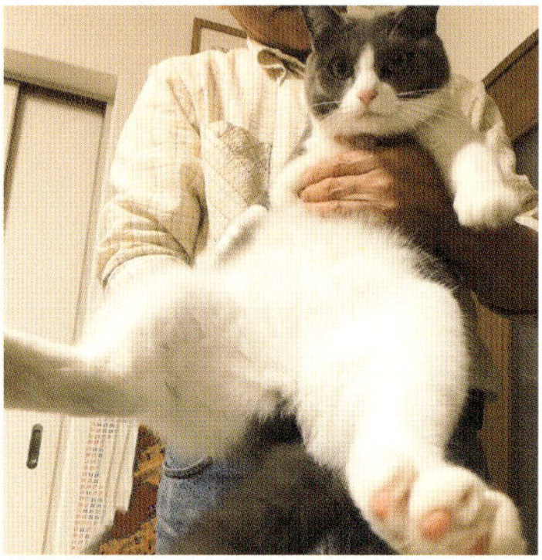

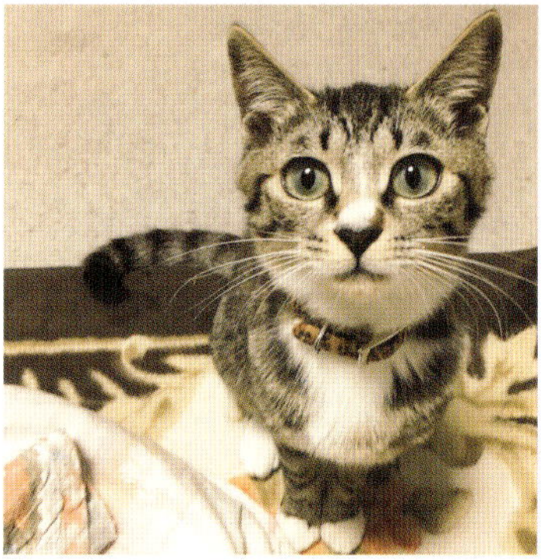

もも

♀、2歳、灰白

【二代目実家猫】
初代実家猫のミーが20歳で天国へ行った後、SNSがきっかけで二代目実家猫を襲名。桃の季節にやってきたので「もも」と名付けられ、父母から毎日「ももやももや」と愛情をジャバジャバそそがれすくすく成長中。

はな

♀、1歳、キジ白

【三代目実家猫】
ココニャ家のサバ身トラ身と同時に保護された（P19〜）姉妹猫で、三代目実家猫を襲名。ももの妹分としていつも跳ね回っている元気娘で、実家の障子も少し破かれています。トラ身に似ているが白い部分は少なめ。

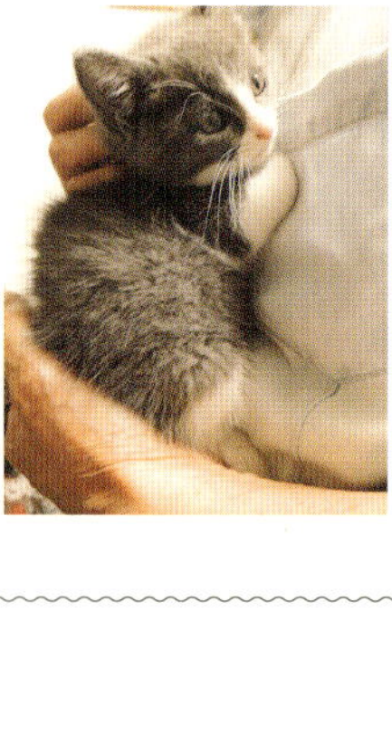

溺愛のあまり、父によって絵画にしたためられたももとはな

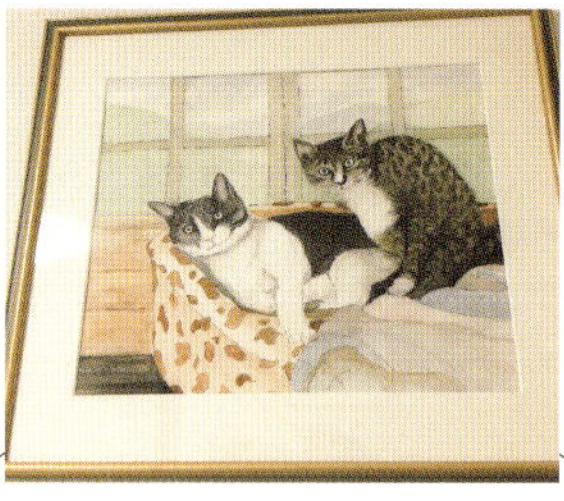

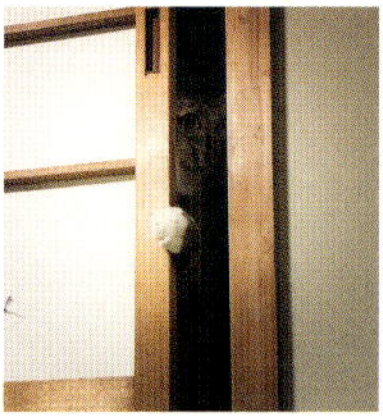

実家の障子を開けるはな

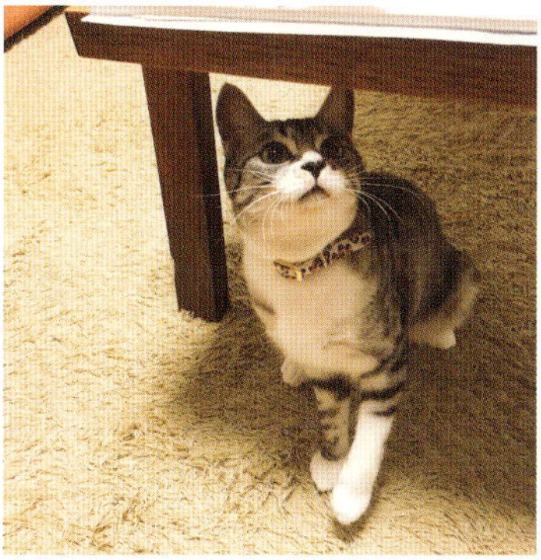

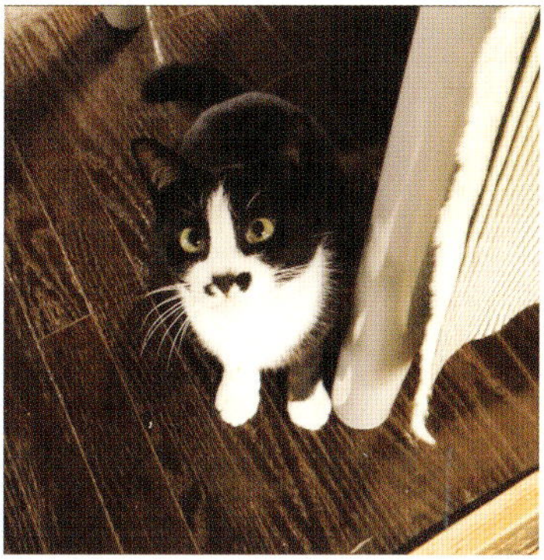

ラウル

♀、1歳、キジ白

【姉宅猫】
サバ身トラ身と同時に保護された姉妹猫。姉宅唯一の猫として家族の癒しの存在だが、たまに来る人間（私）には厳しい。サバ身トラ身とを合体させたようなお顔をなされていて、左前脚の白靴下が長め。

おひげ

♀、3歳、黒白

【店長猫（仮）】
空きイヌ小屋に住み着いたことがきっかけで事務所の飼い猫にのし上がった苦労猫。伊太祈曽駅前 ココジェラート店長（仮）を務め、おひげにゃんと呼ばれています。おひげとレギンスを履いたような柄がチャームポイント。

ココジェラート　http://www.den-en-net.com/gelato/

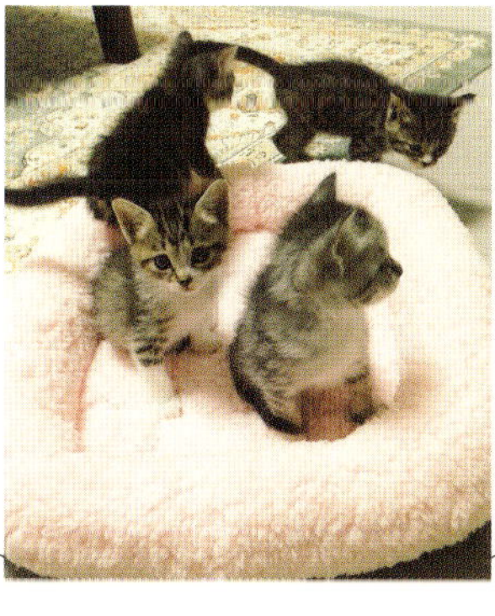

サバ身・トラ身・はな・ラウル

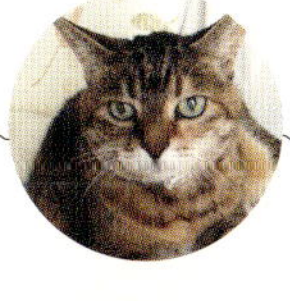

初代実家猫ミー

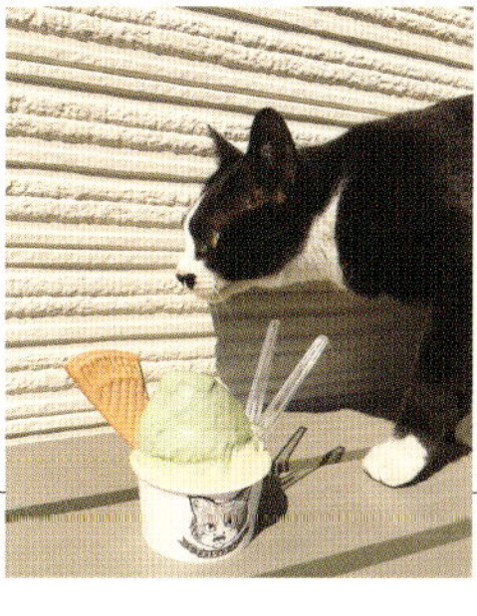

カップの柄はおひげにゃん

腹を干すというたしなみ

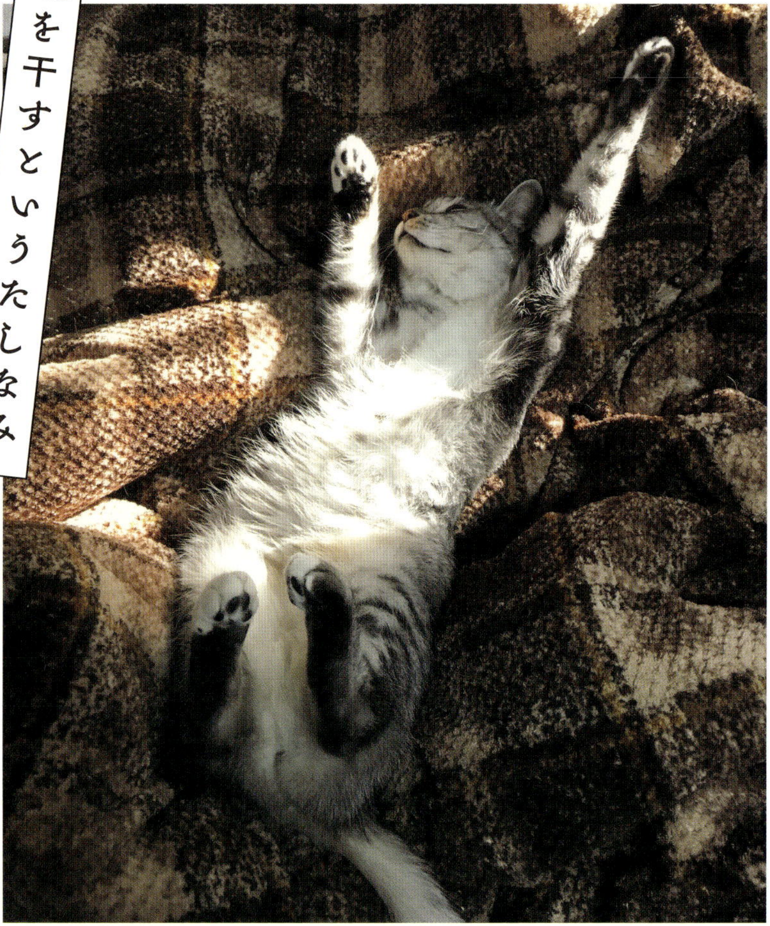

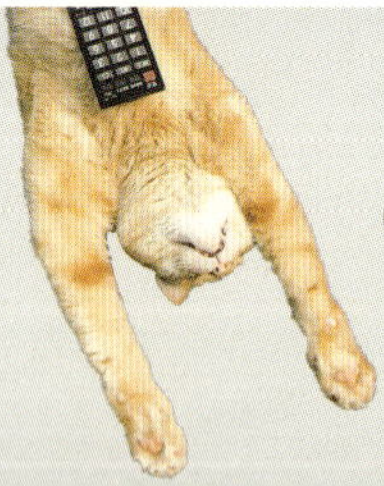

リモコンホルダーではない。

サバトラ×先住猫たち

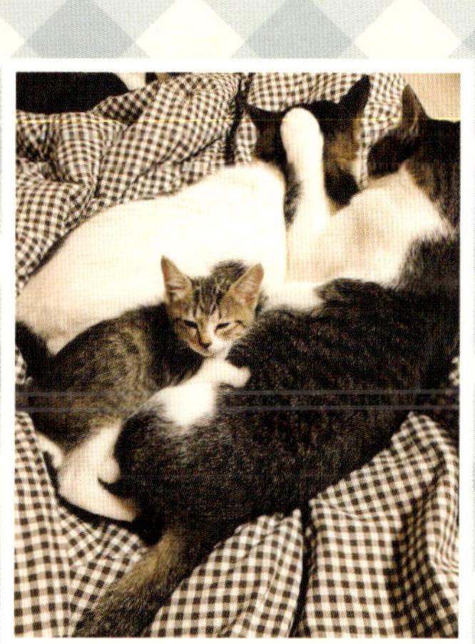

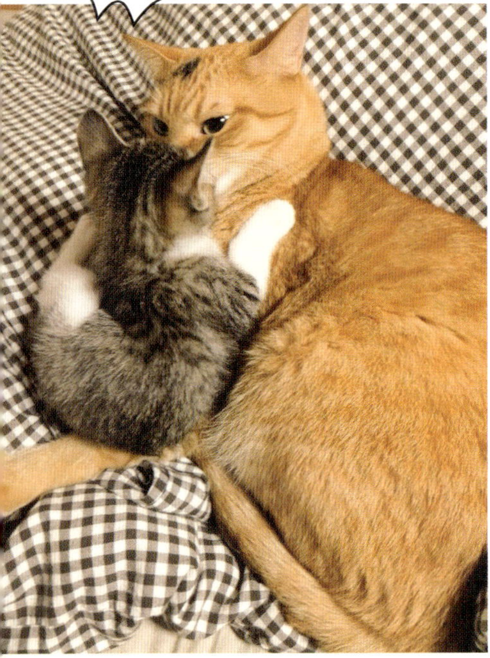

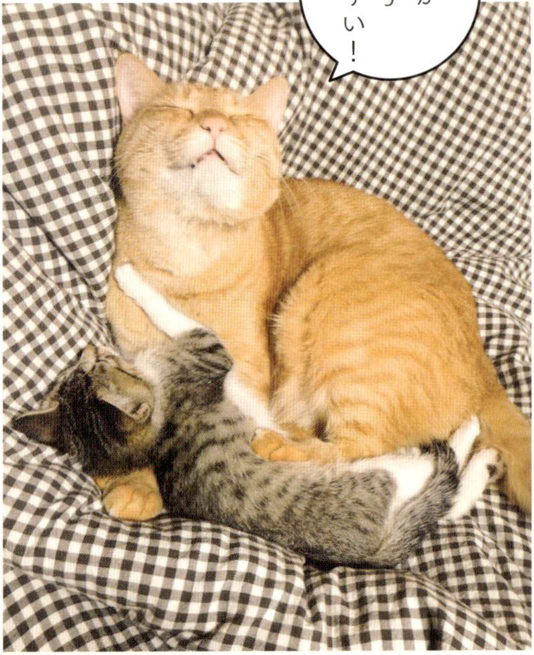

※子猫は成猫より
臭いことがあります

むっさん×トラ身

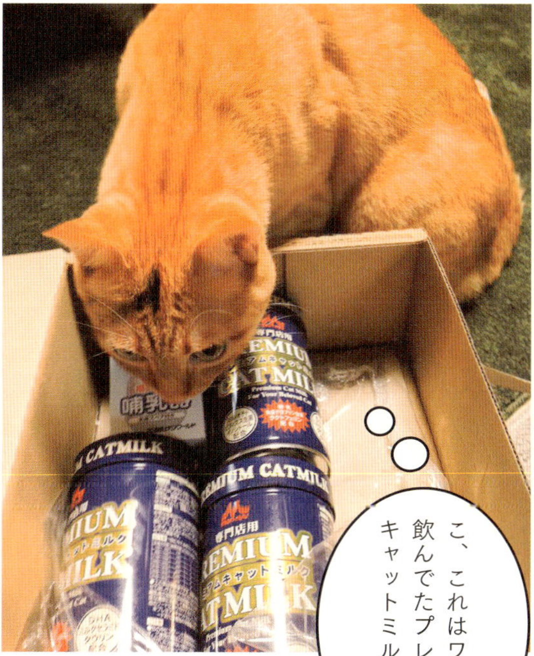

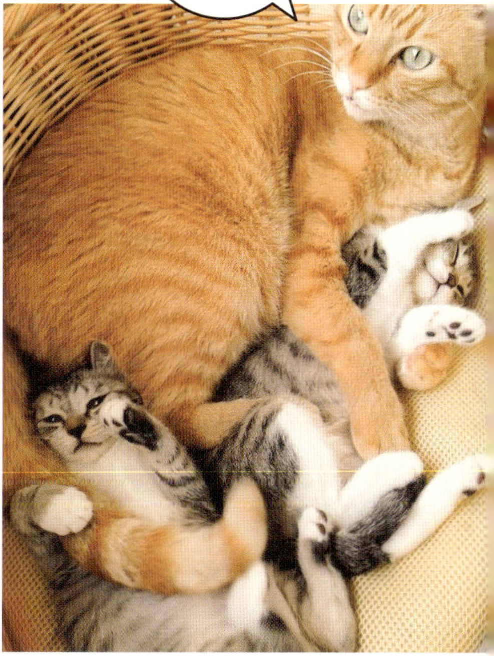

むっさん、兄ィになる

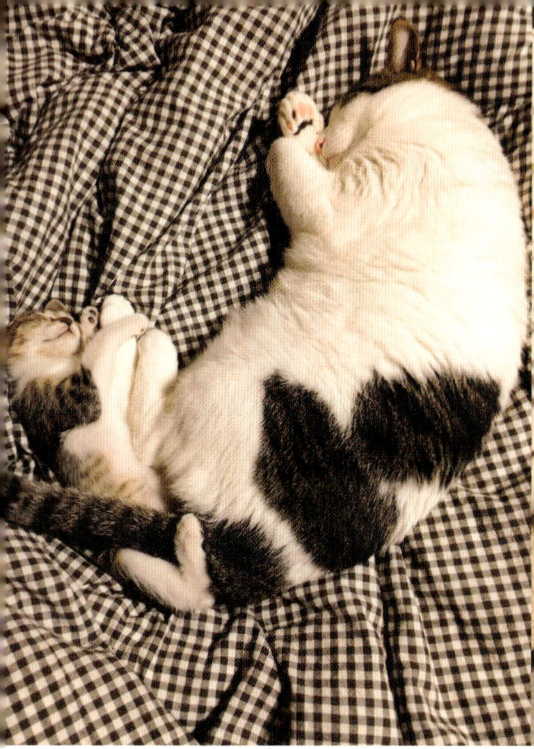

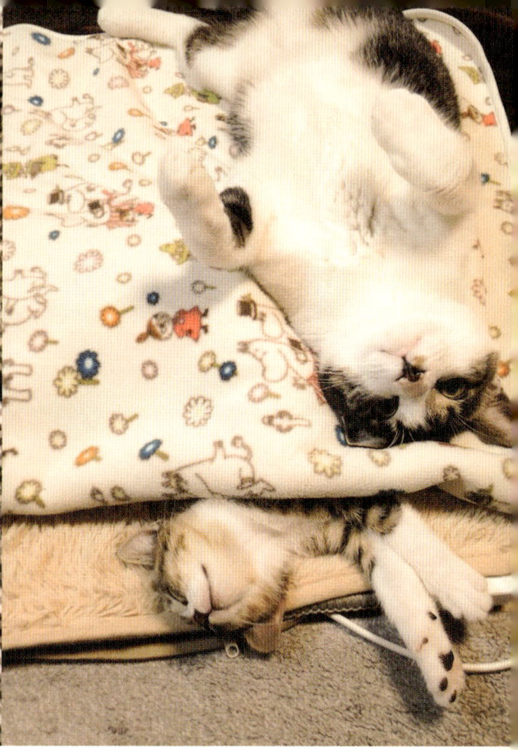

２カ月ほどがたち、すっかり猫らしくなってきたサバ身トラ身。

別のフロアに分けていたものの存在には気づき、

興味津々だった先住猫たちと

少しずつ一緒に過ごすようになりました。

一番心配だったのは王様として君臨していた

むっさんでしたが、怖いもの知らずで

飛び込んでいくサバトラに負け、

いつの間にか一緒にお昼寝するようになっていました。

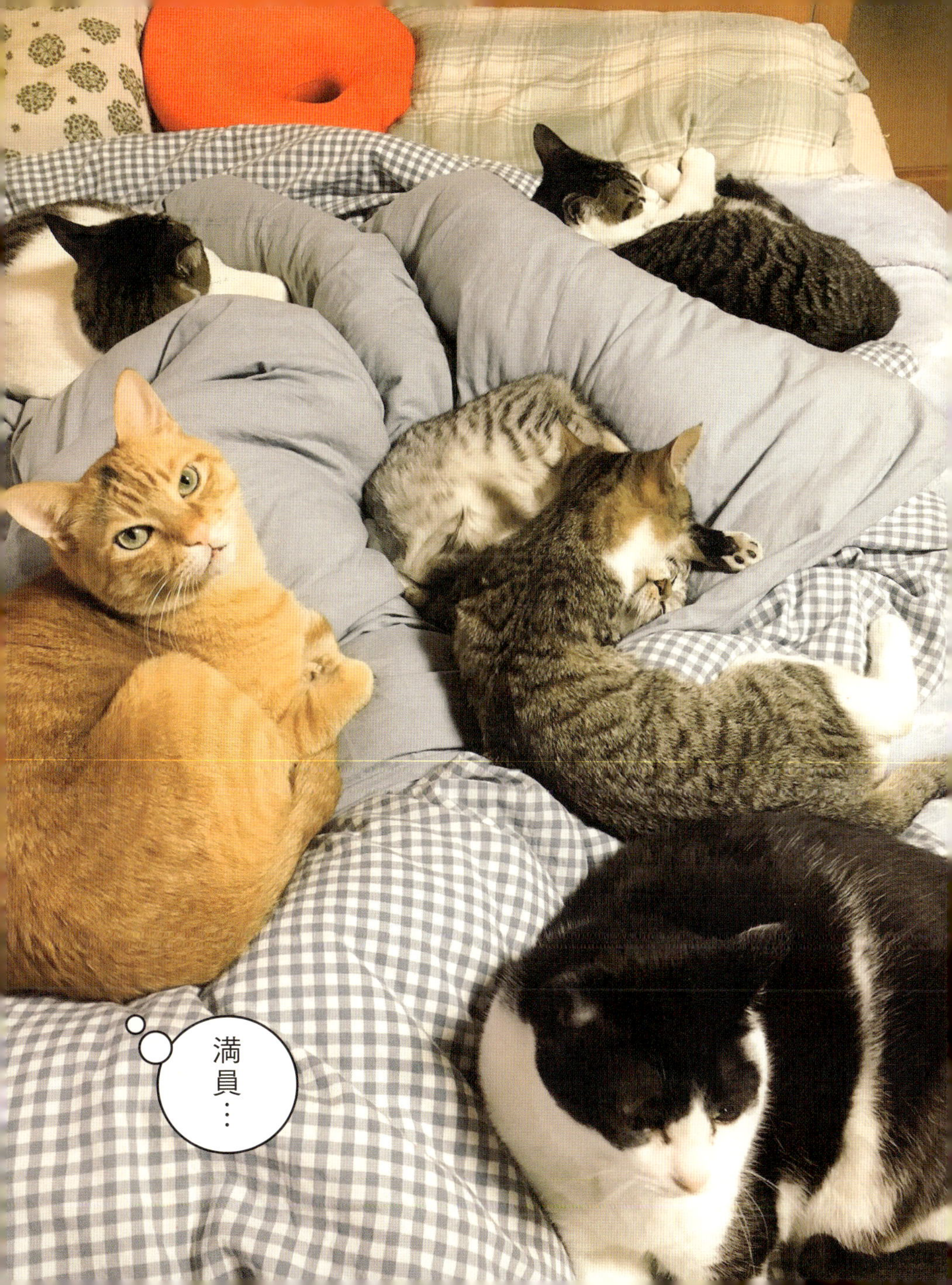
満員…

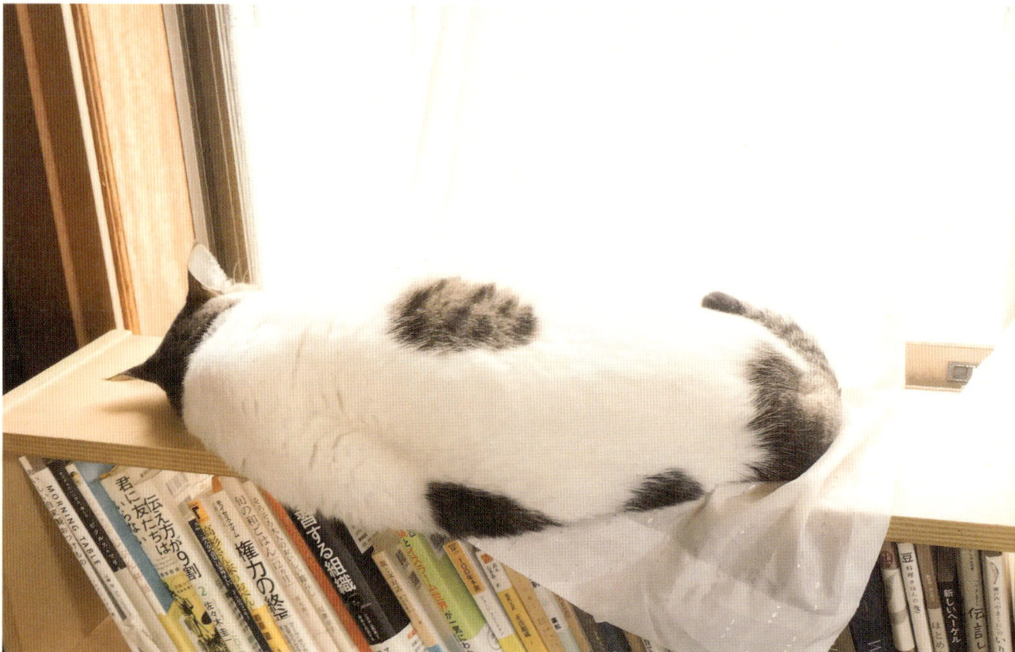
MORNING TABLE
伝え方が9割

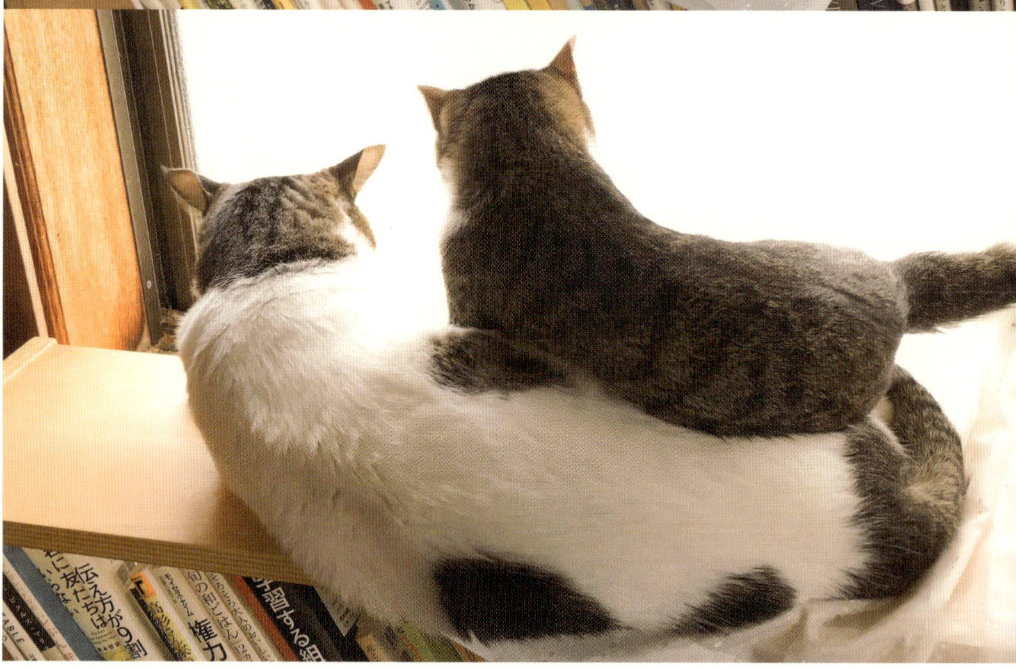

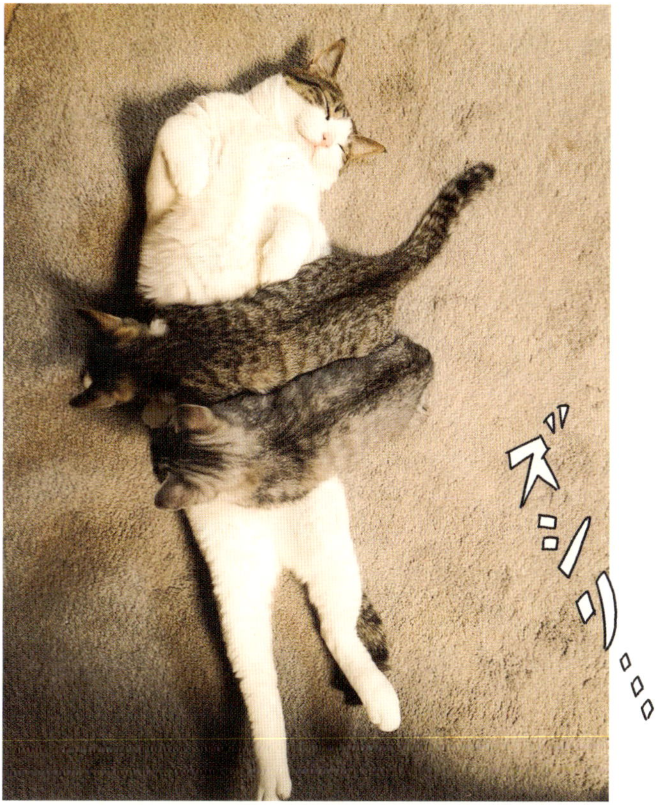

サバトラ「中猫せんぱいがぽんぽん冷やしたらあかんからな」

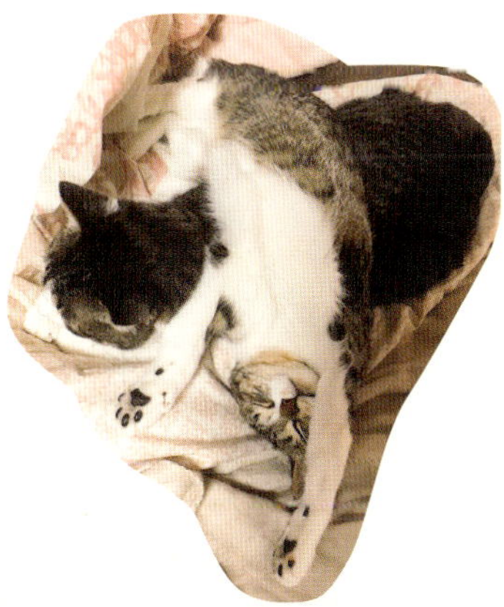

ウチのケモノたちは皆、
トラ身を甘やかす傾向にある

むっさん×サバ身

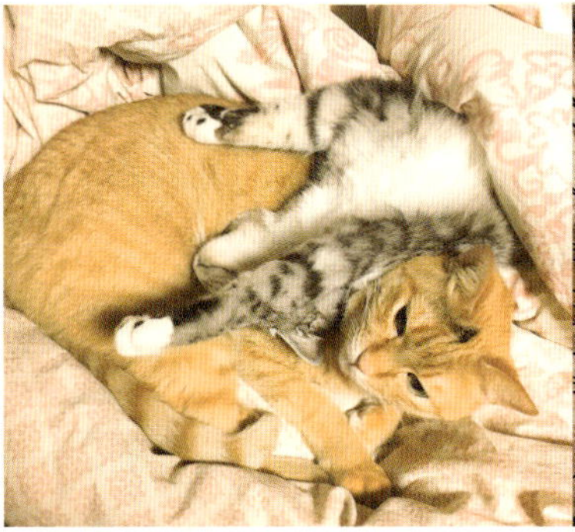

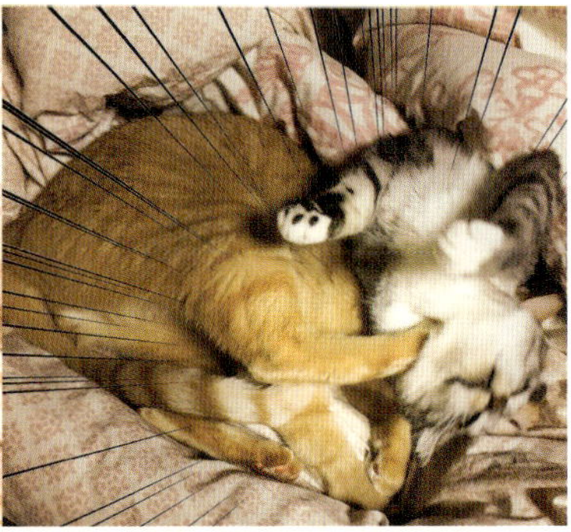

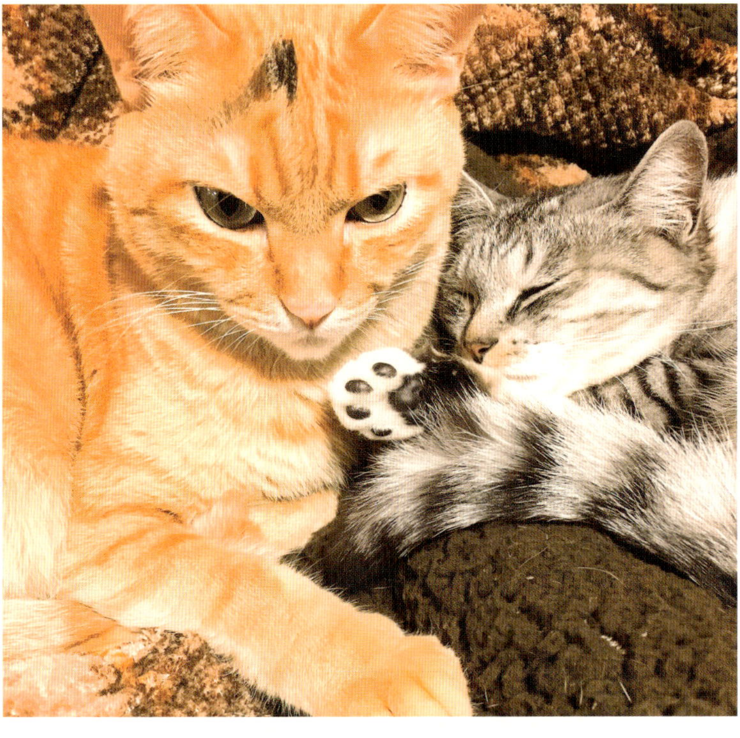

なにその「牧野はオレが守る」的な顔は…小栗旬なの？

むっさん×トラ身

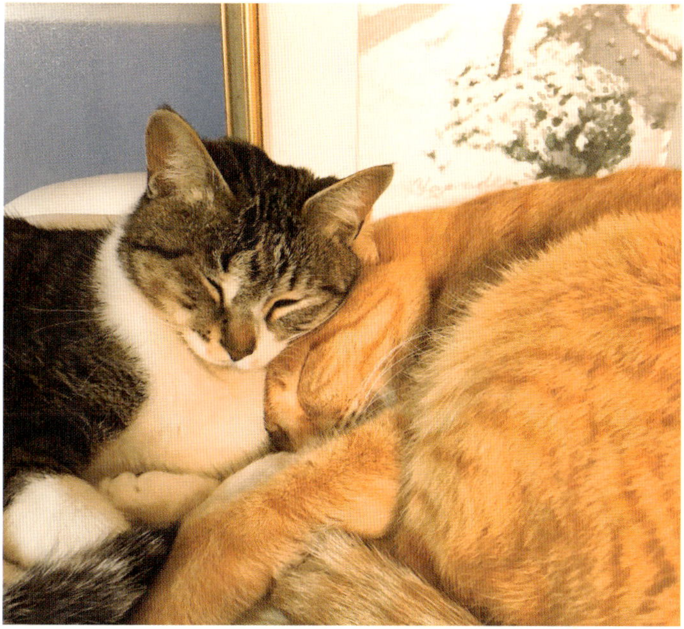

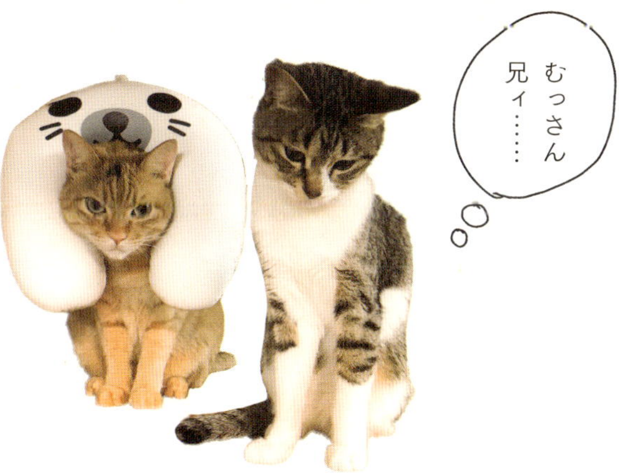

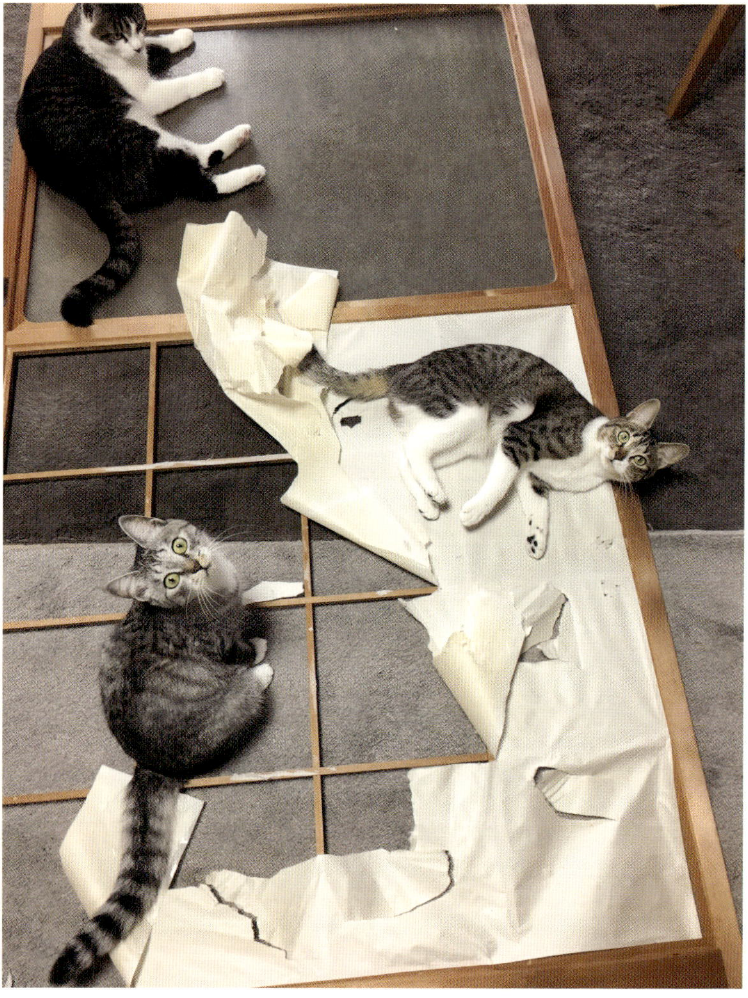

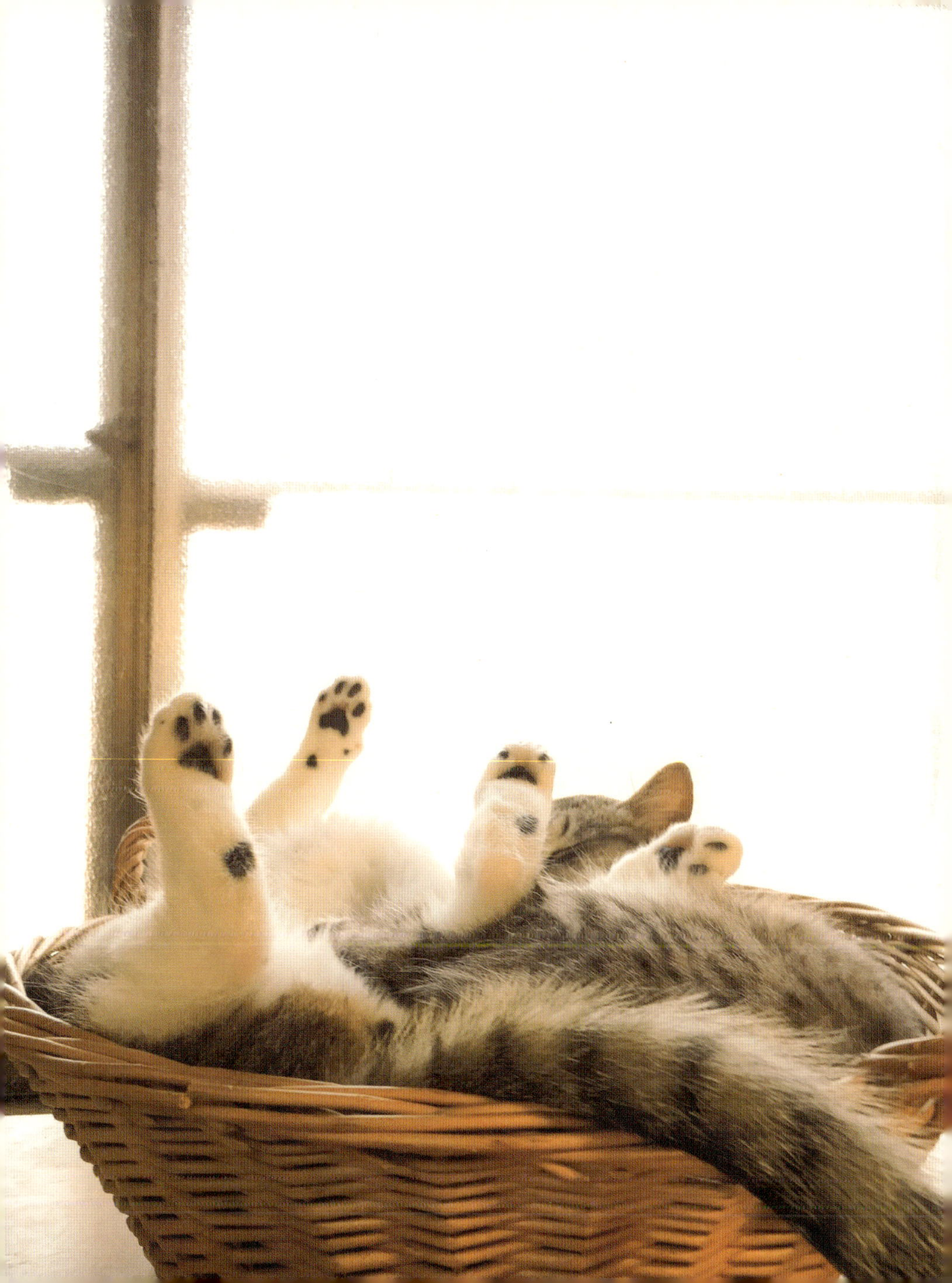

猫用ハンモックの使い方。

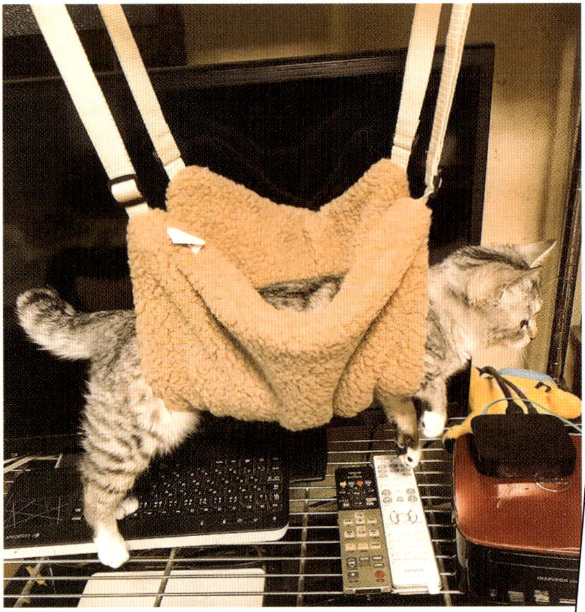

現実。

理想のその先へ

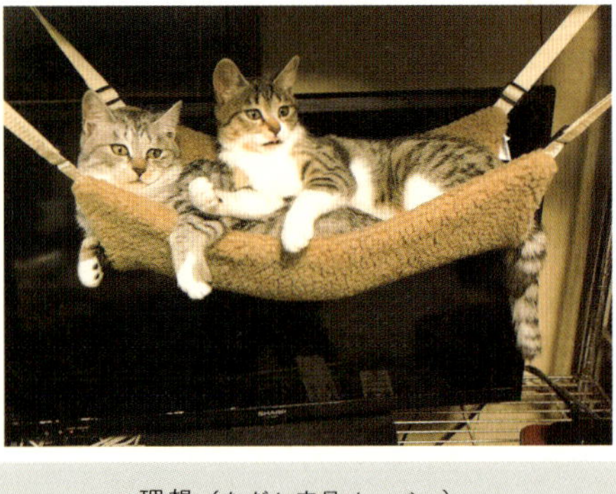

理想（ただし定員オーバー）。

サバトラシンクロ100%

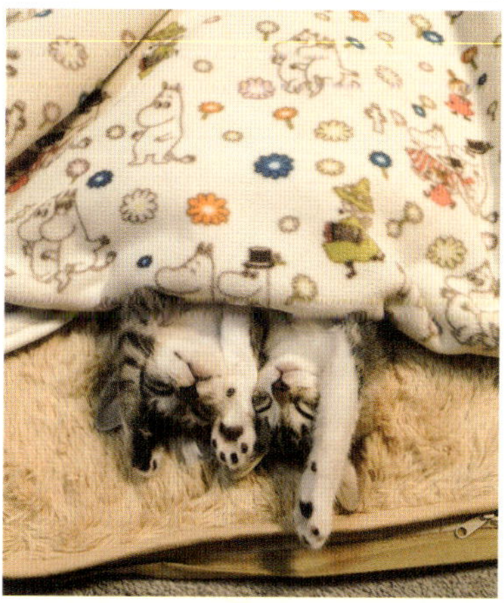

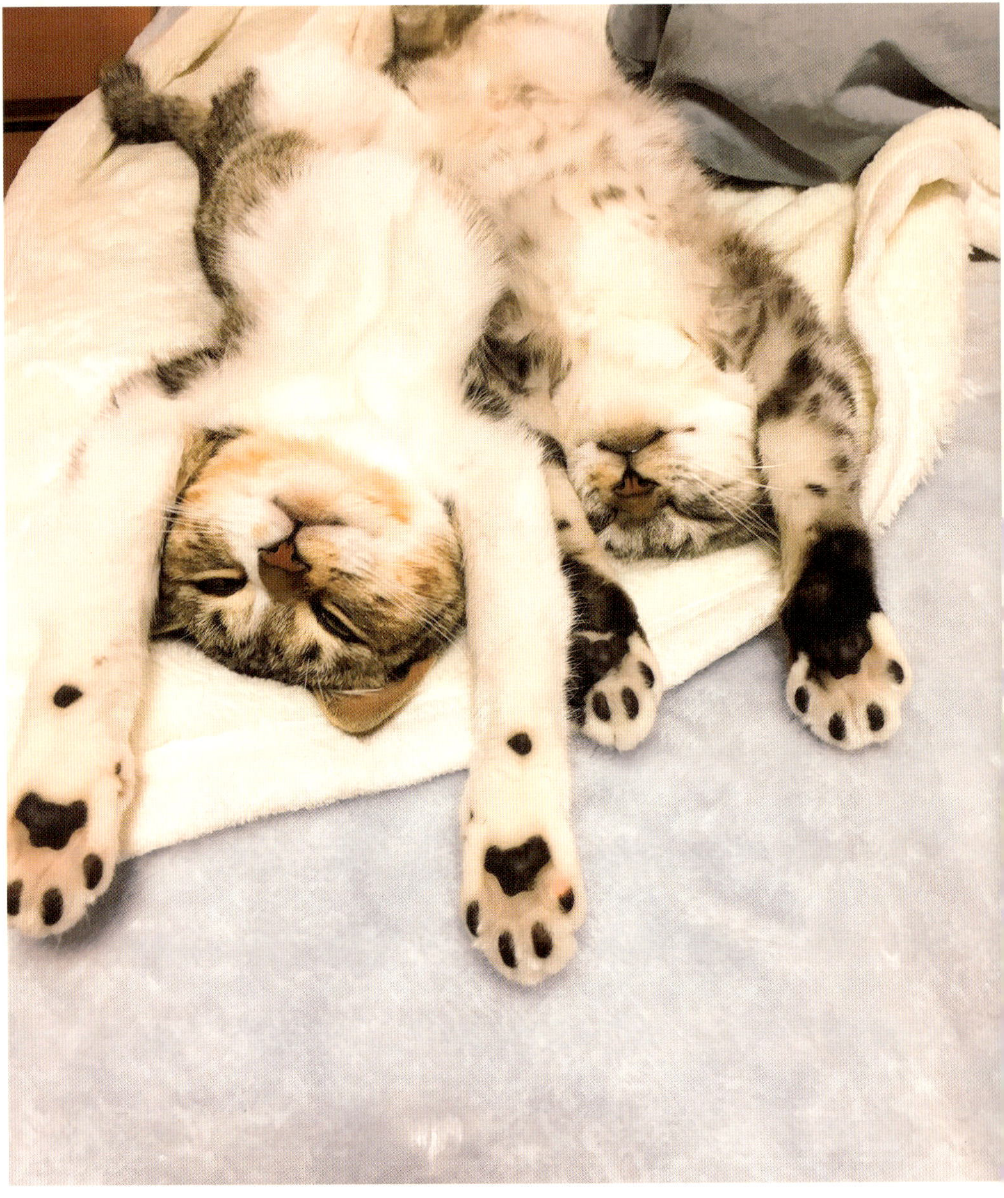

何人たりともこれをおしのけて寝ることはできない。

※人間はベッドで寝ることはできないの意。

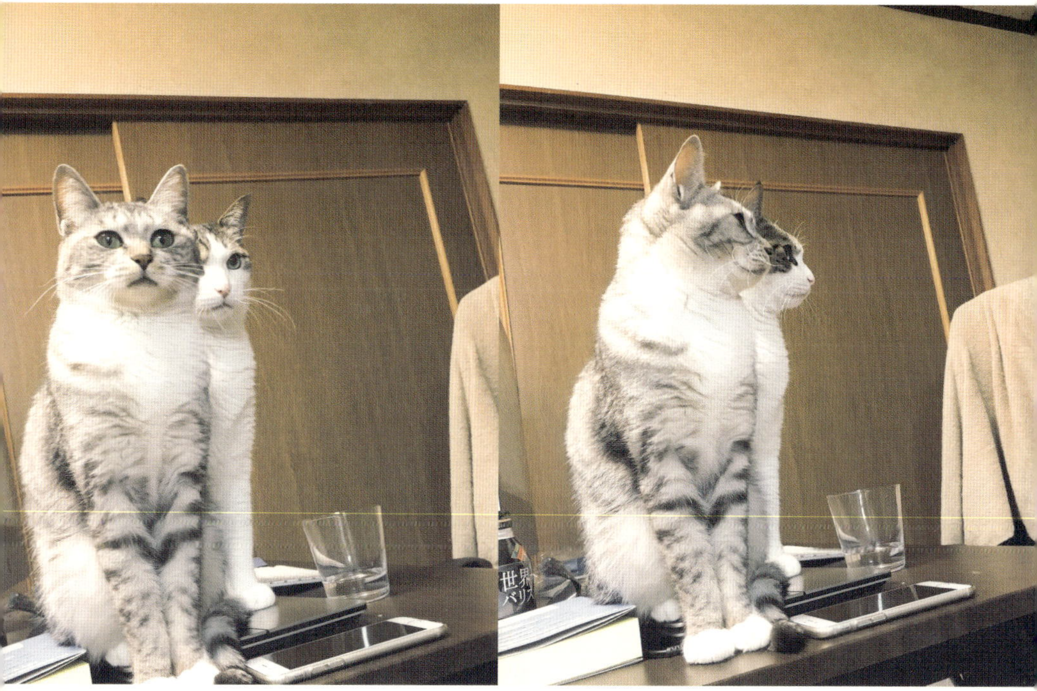

シンクロ率100%

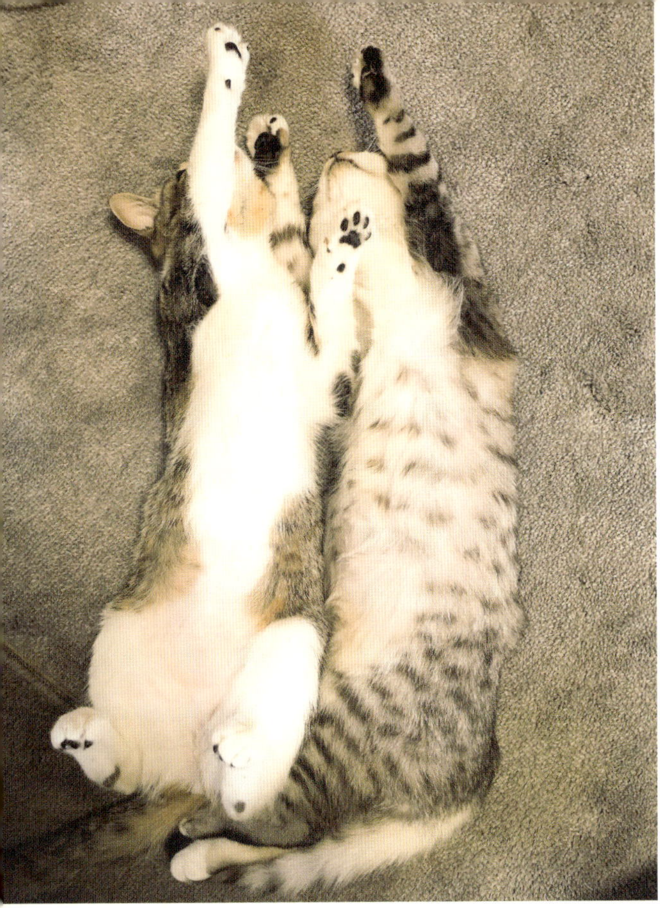

VICTORY寝。

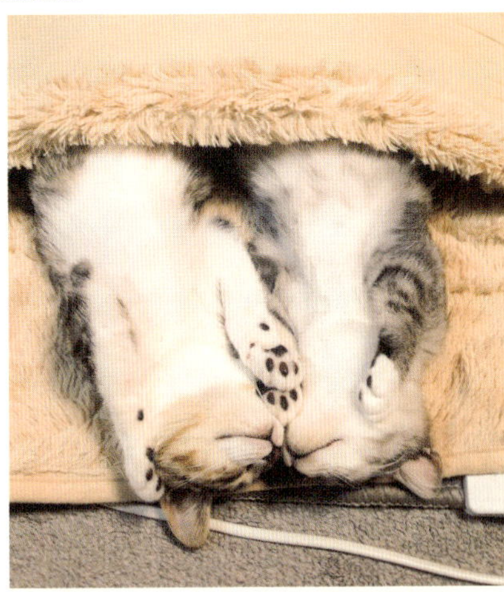

鼻息がかかるくらい恋したい寝。

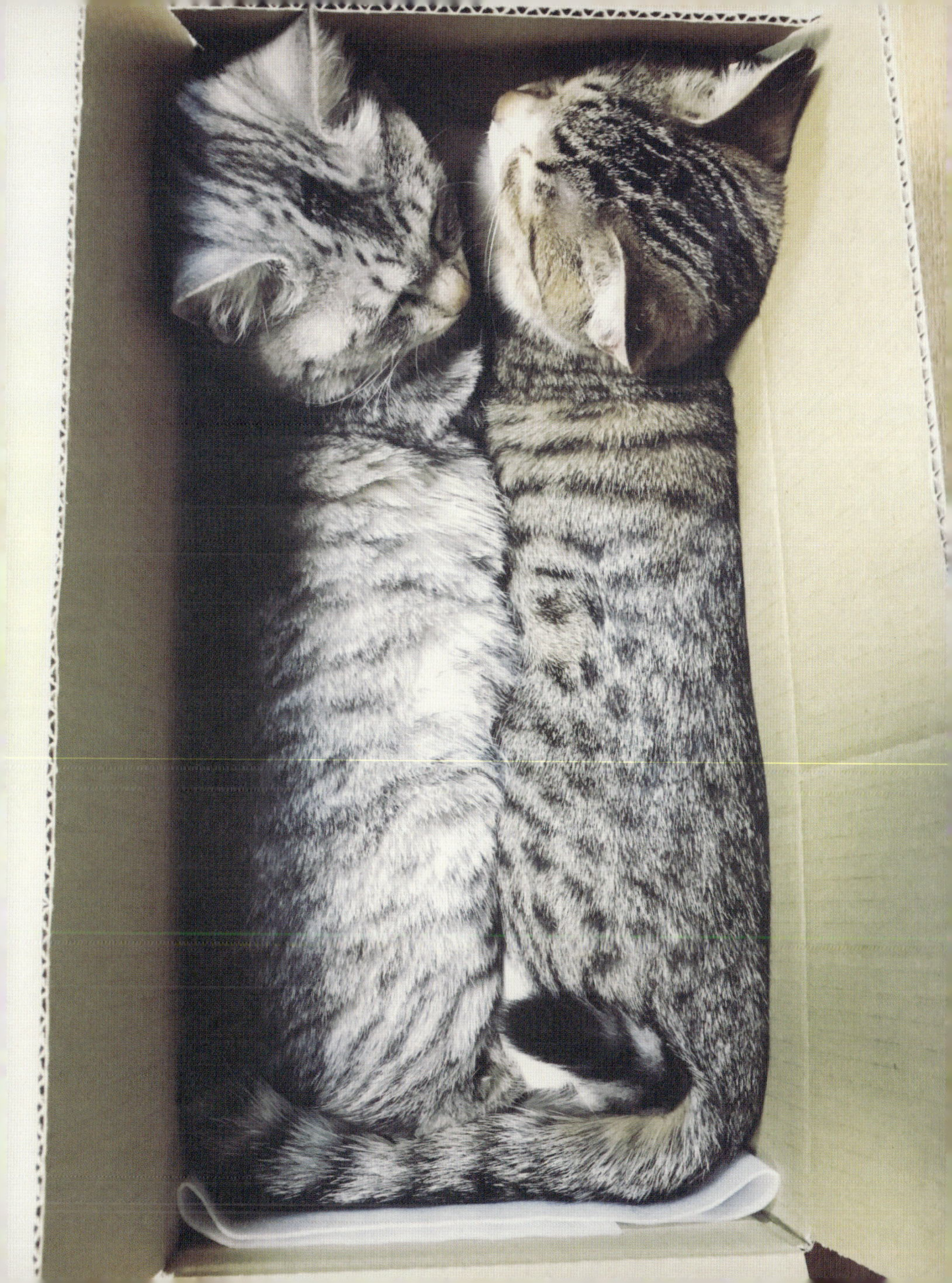

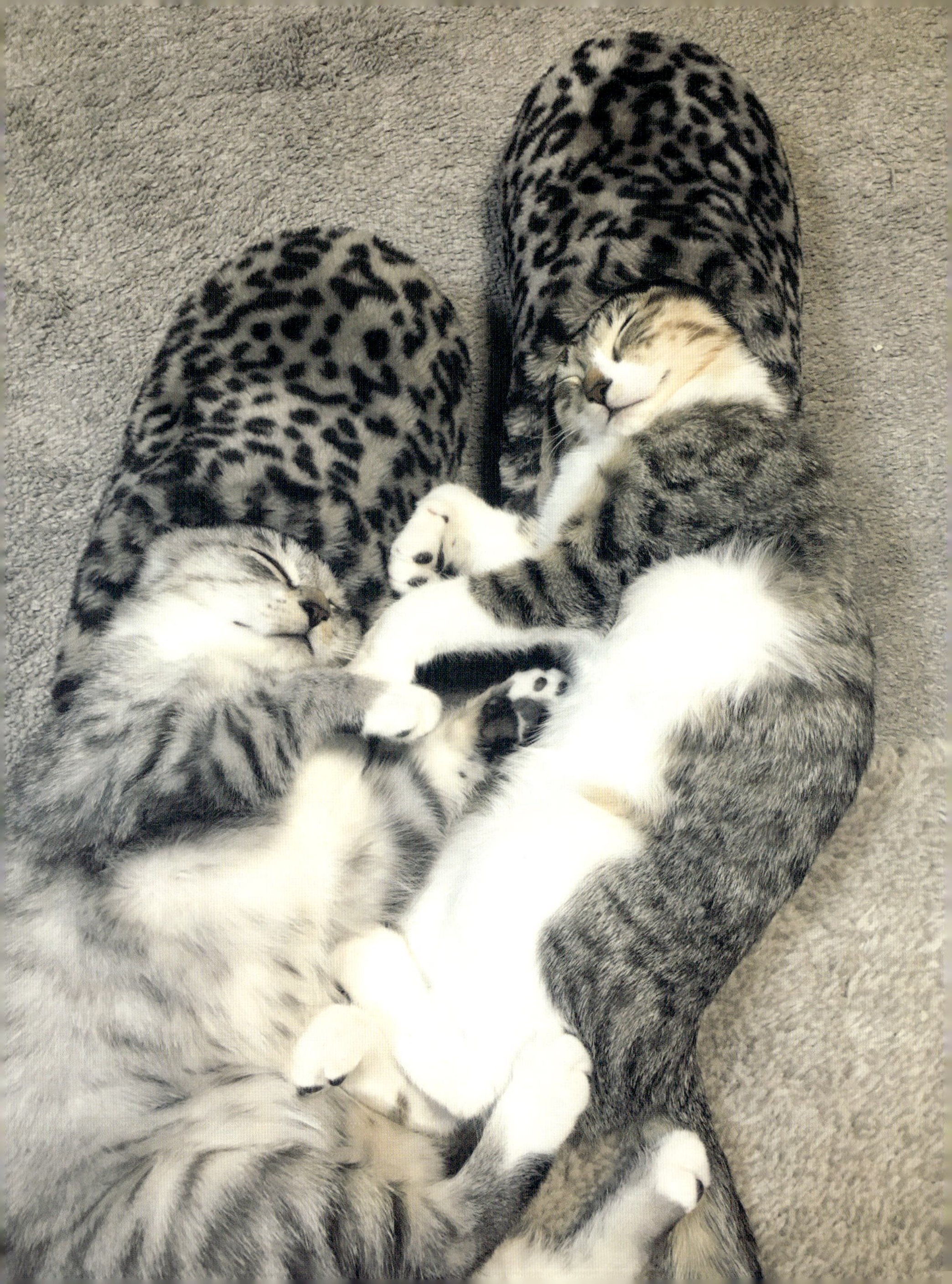

比べてみようサバトラちゃん

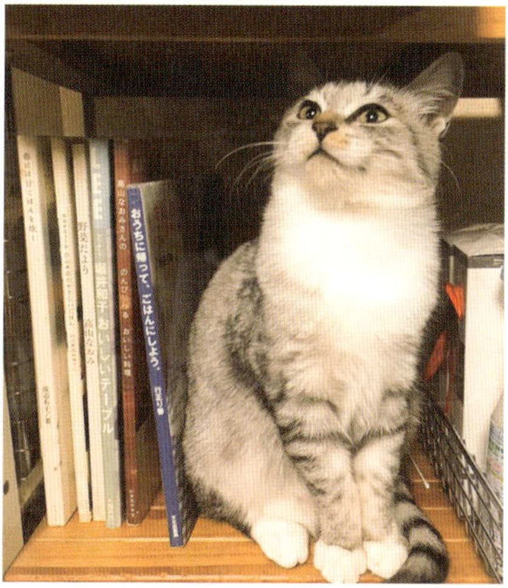

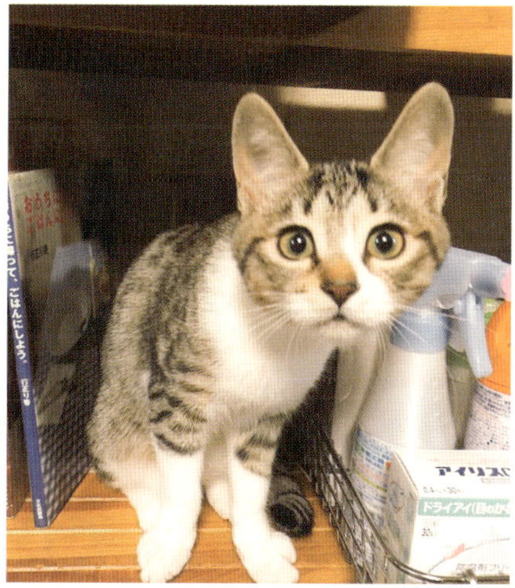

6匹のウチ猫の中でも特に一緒にいることが多い
サバ身とトラ身。色の他にも少しずつ違います。
力関係はサバ身＜＜＜トラ身。

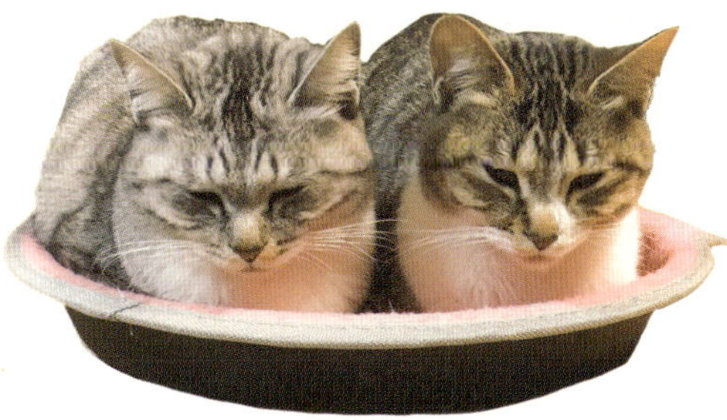

コサック姉妹サバトラ。

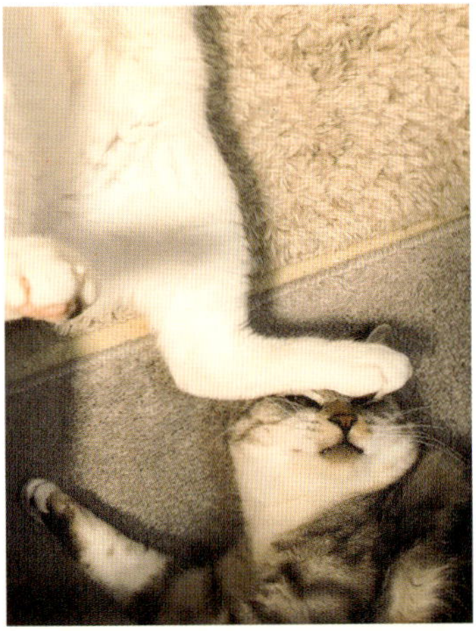

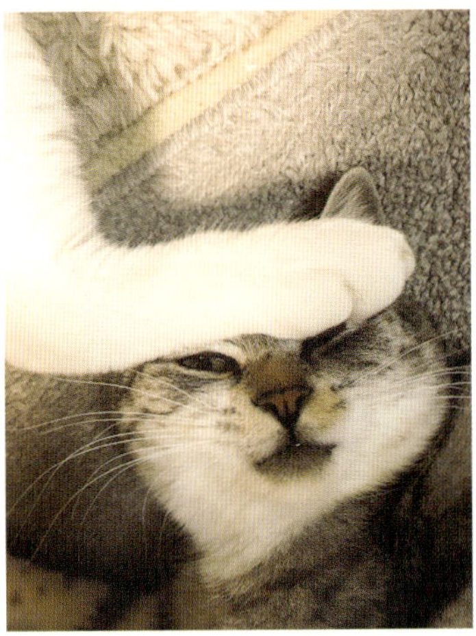

サバ身「不条理やわ」

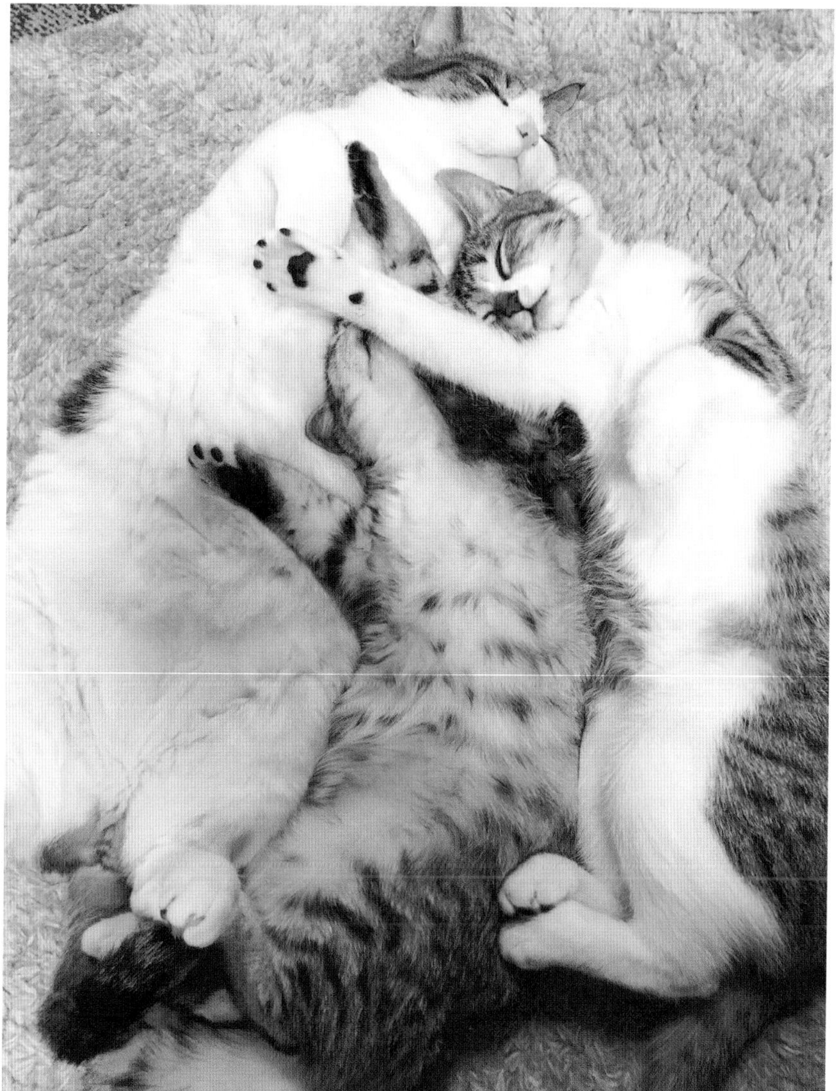

ヒトの出張は許さない

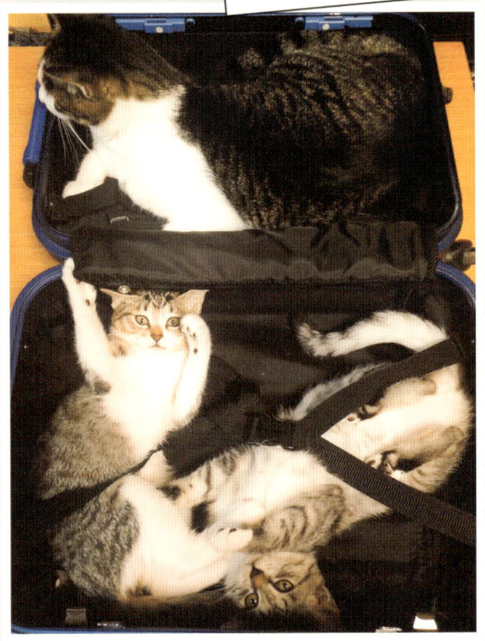

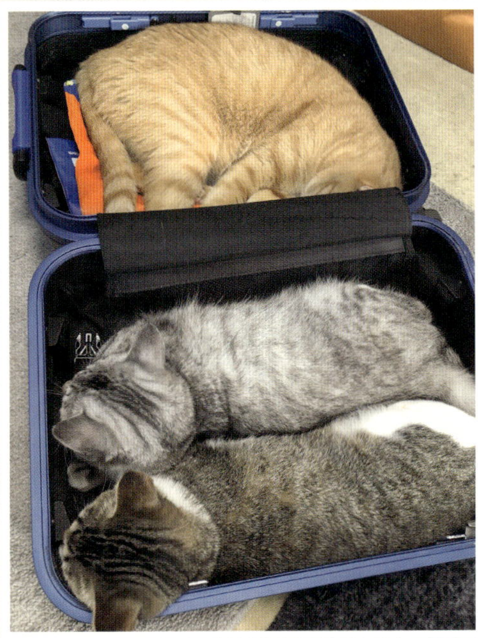

「全日本スーツケースに荷物を詰め込ませたくない連盟」の方々。

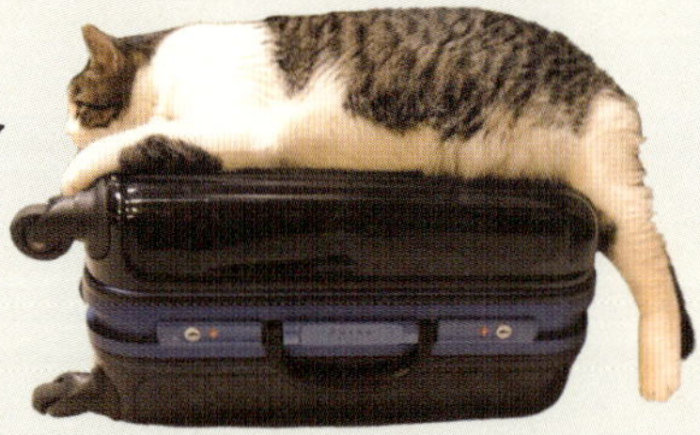

大猫の一言

ONEKO

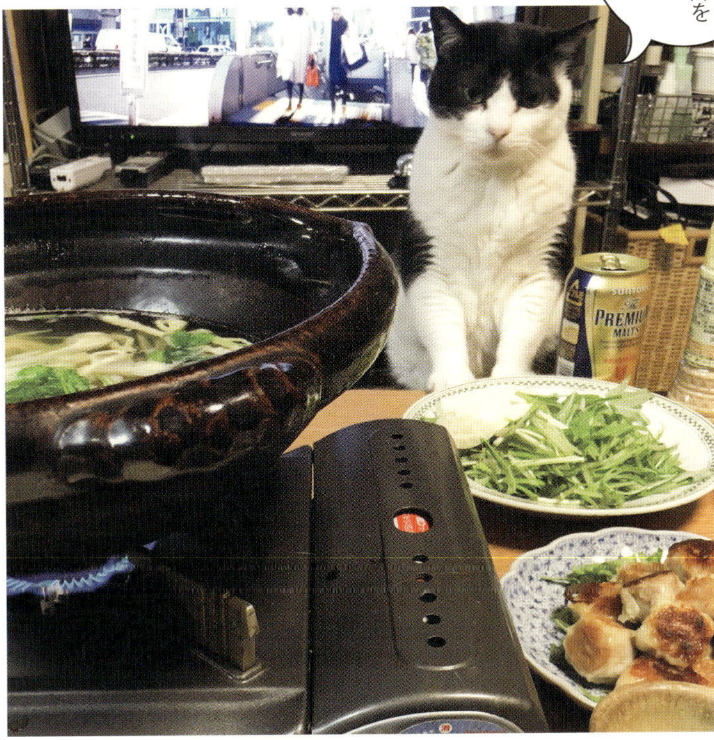

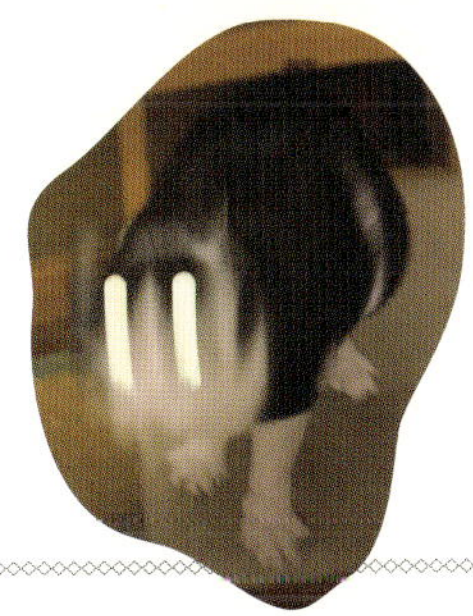

【光る大猫】

一級カニ師がカニを目の前にした
様子をご覧ください（イメージ）

ココニャさんちの

夏のレシピ（ヒト用）

SNSでも紹介しているおすすめ簡単レシピ。

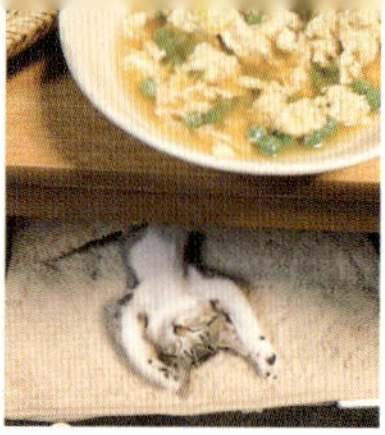

「ビールがすすむ真夏のメニュー 生とうもろこしとチーズのかき揚げ」

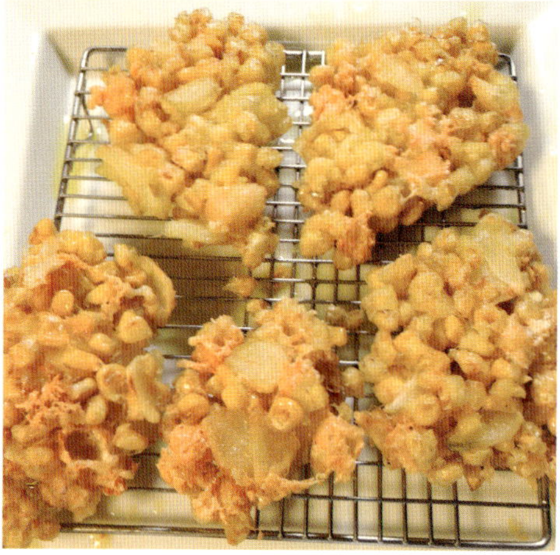

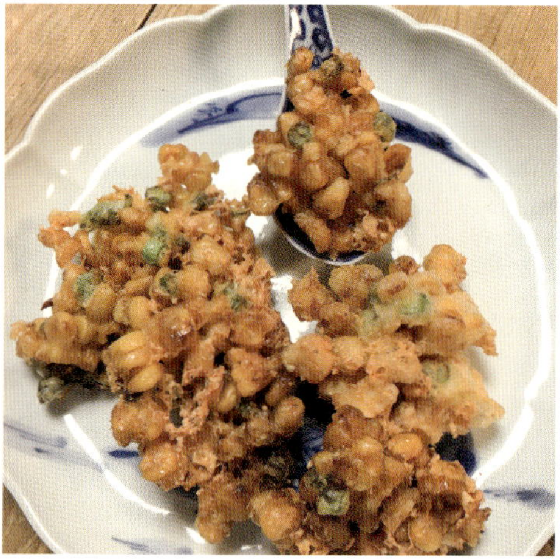

How to

【生とうもろこしとチーズのかき揚げの作り方】

1. 生とうもろこし１本は斜めに持ち半分ずつ実をこそげる（実がポロポロ転がるため）。
チーズ（スティックタイプ）５本をとうもろこしの実と同じくらいのサイズに切り、
ボウルに入れる。

2. 1のボウルに天ぷら粉大さじ２を入れてとうもろこしやチーズにまんべんなく付くようにまぶしつける。
そこに水大さじ３と1/2を加えて混ぜ合わせ、スプーンで取り上げてみてまとまるようならOK！
まとまらないようなら天ぷら粉を少し足す。

3. 揚げ油を熱しとうもろこしとチーズのタネをスプーン等ですくい、油にゆっくり入れる
（小さめに作る方が失敗しにくい）。

4. 表面が固まってきたら裏返し、チーズがこんがり色づいてきたらあげて完成 。

※小口切りにしたインゲンや薄切りニンニクを混ぜたりしても美味しい 。

ココニャさんちの夏

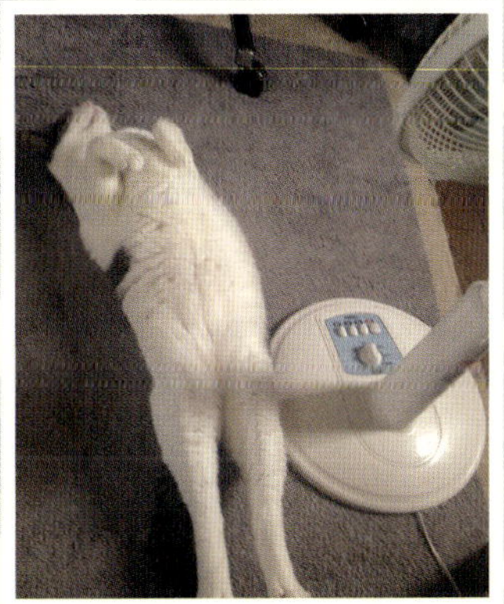

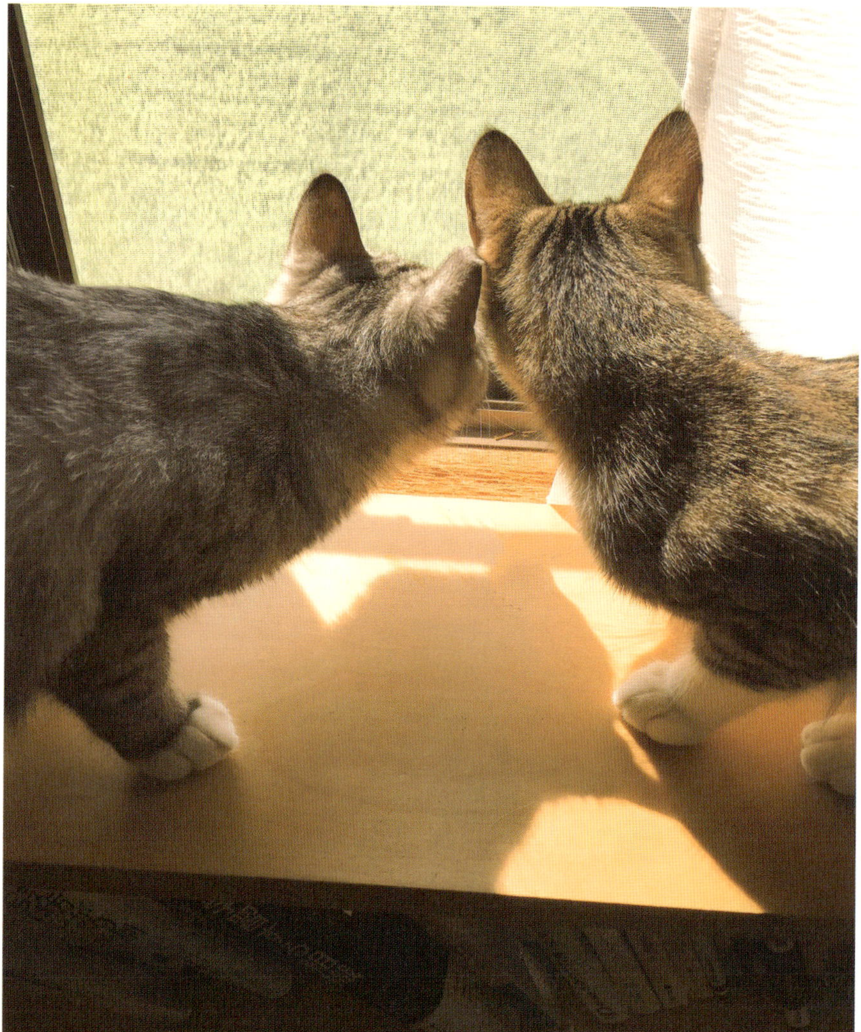

サバ身「こんなに暑くてオラたちの稲は大丈夫なんかいのう」

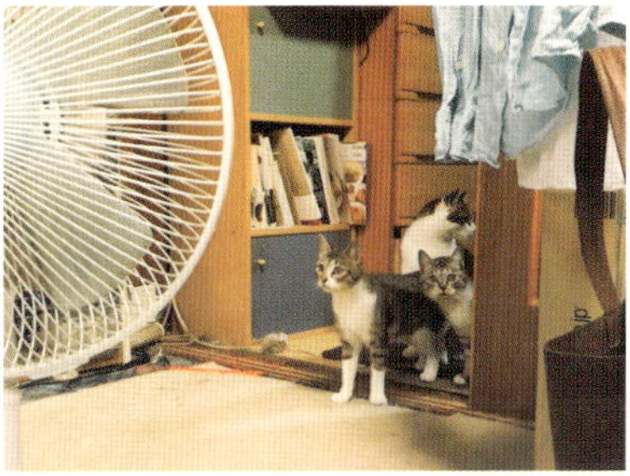

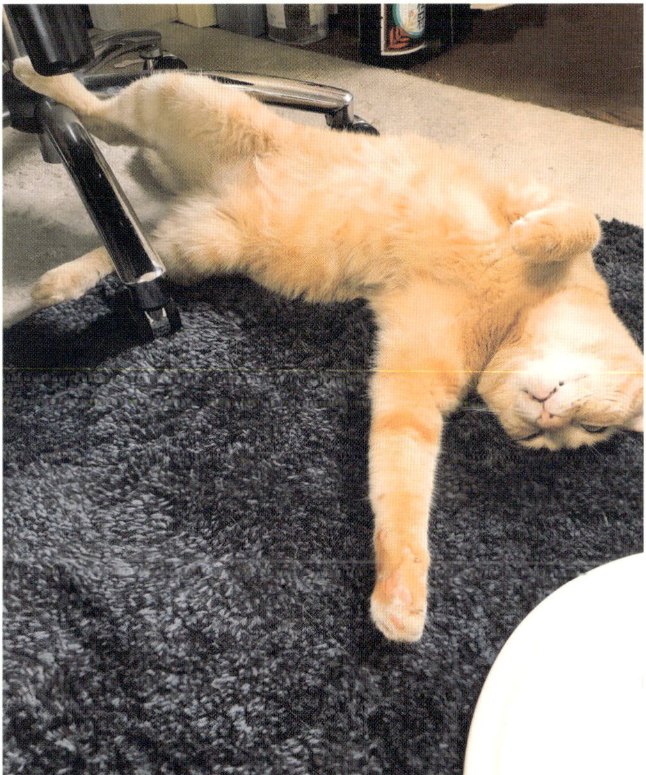

日本の夏。むっさんの夏。

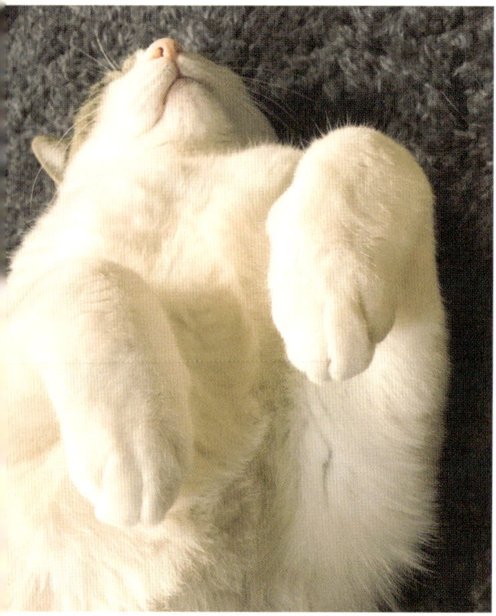

猫のお盆寝。

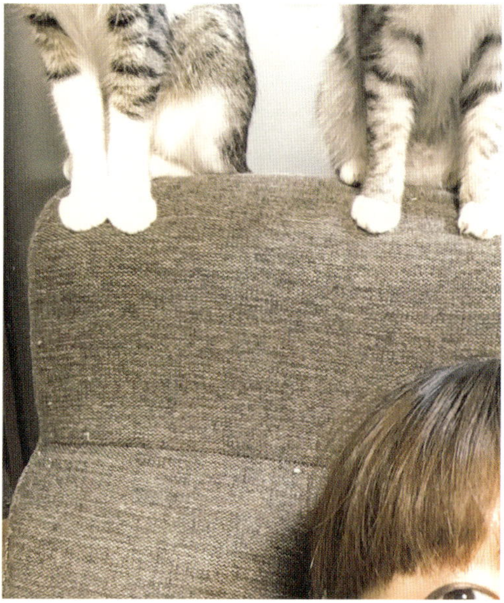

うしろに何か気配を感じる。

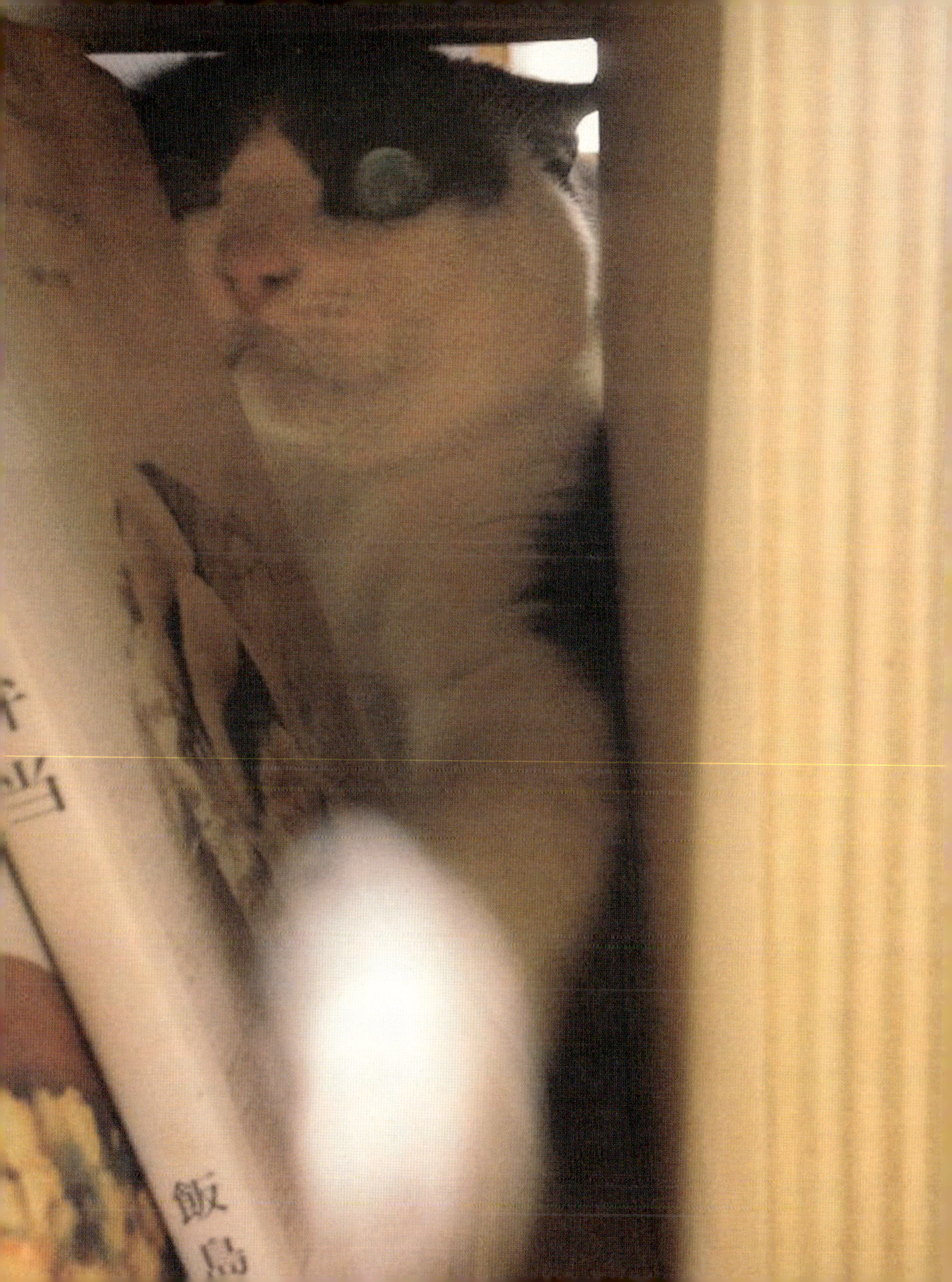
飯島

夏のいちゃこら

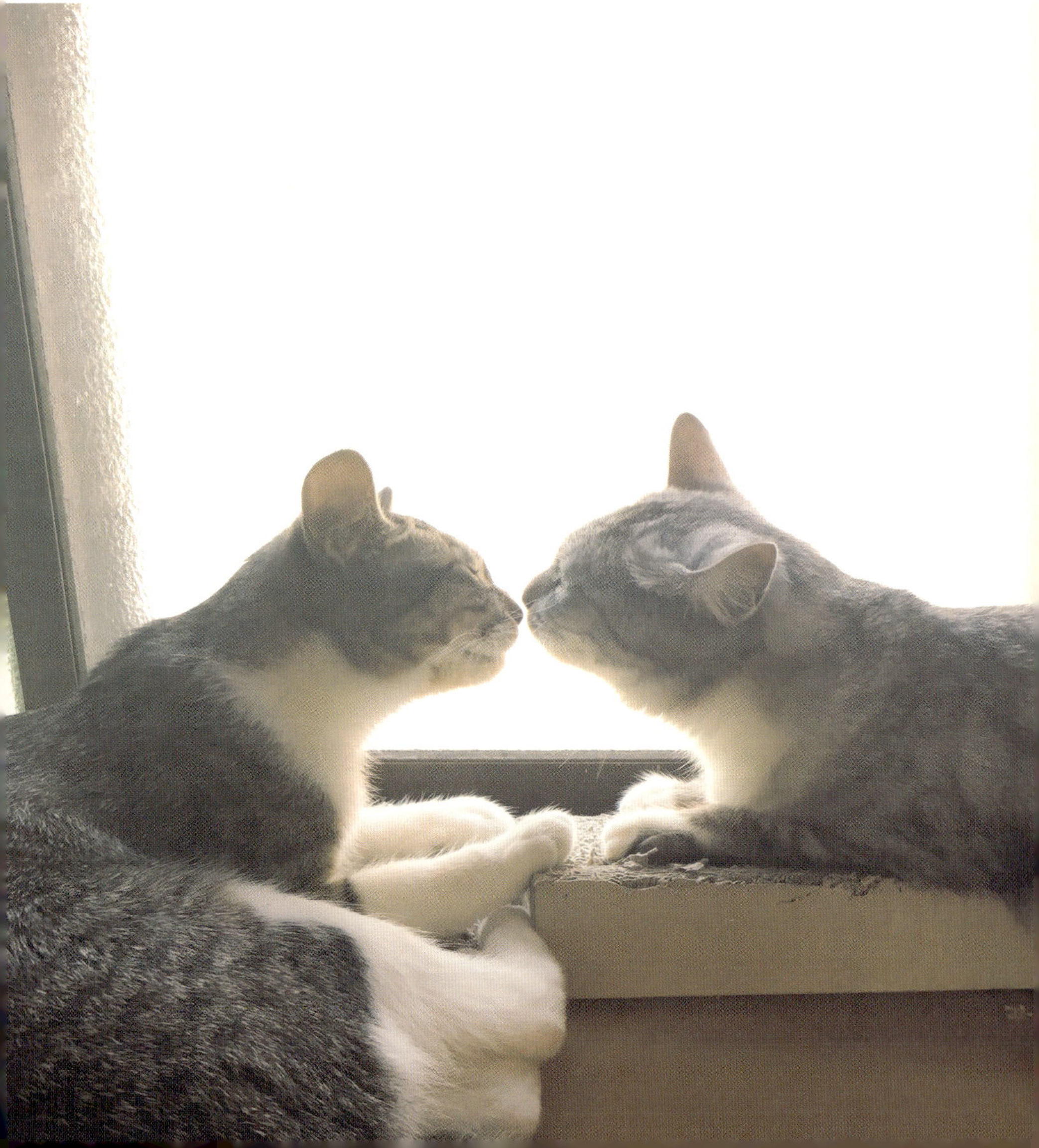

未来永劫の愛を誓い合うサバトラ

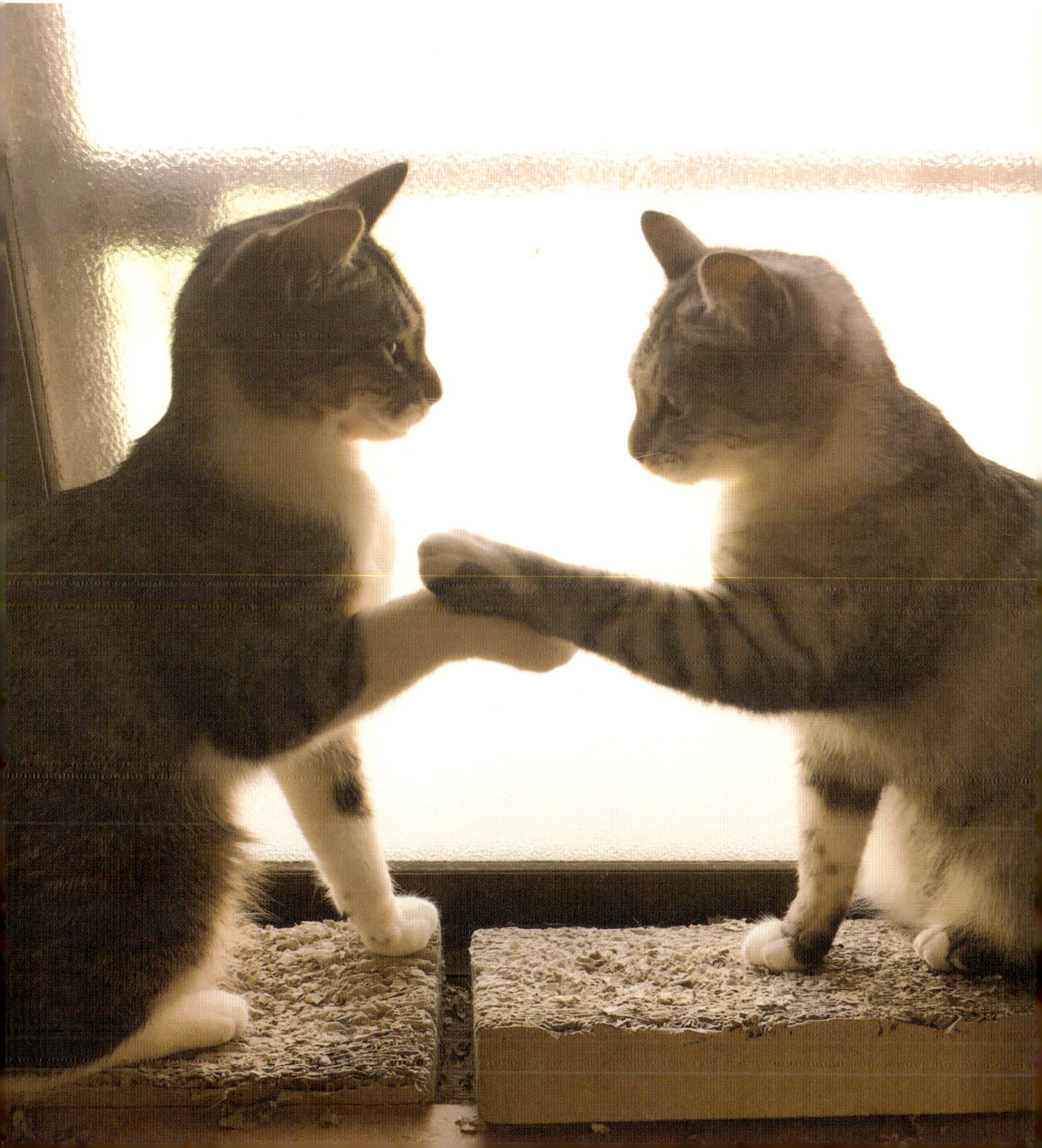

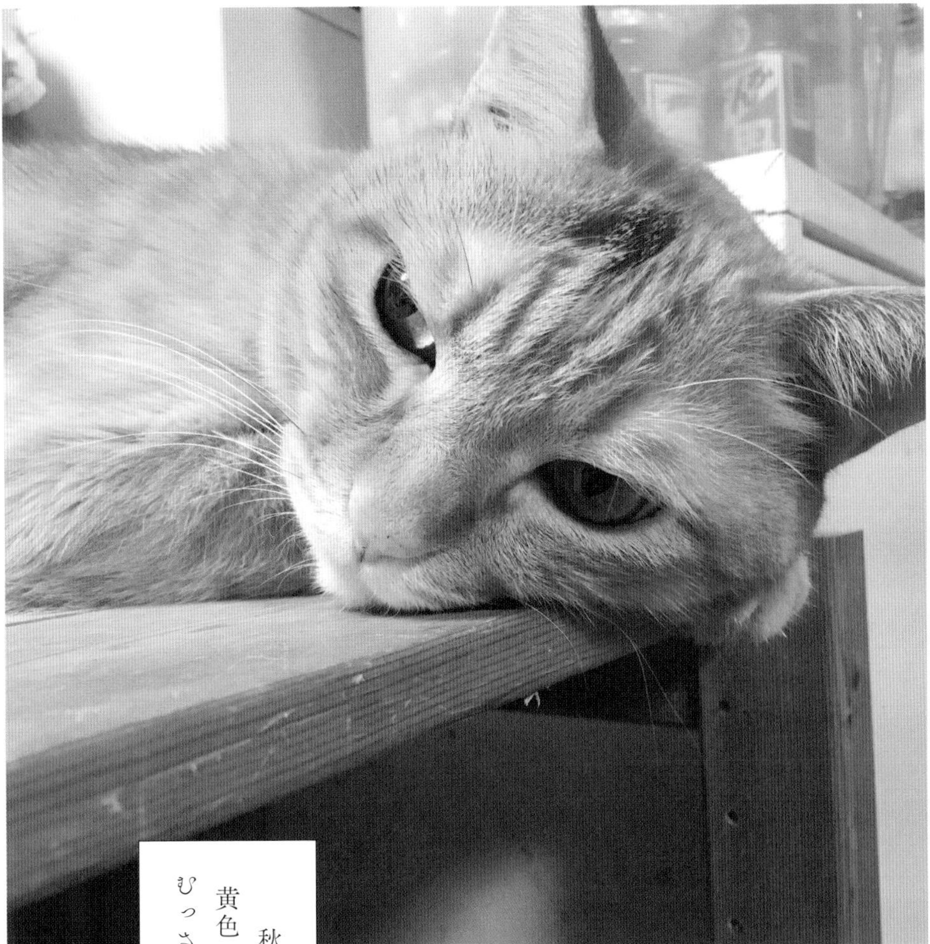

秋近し
黄色いもみじ
むっさんの季節

秋近し
一緒に寝よう
そうしよう

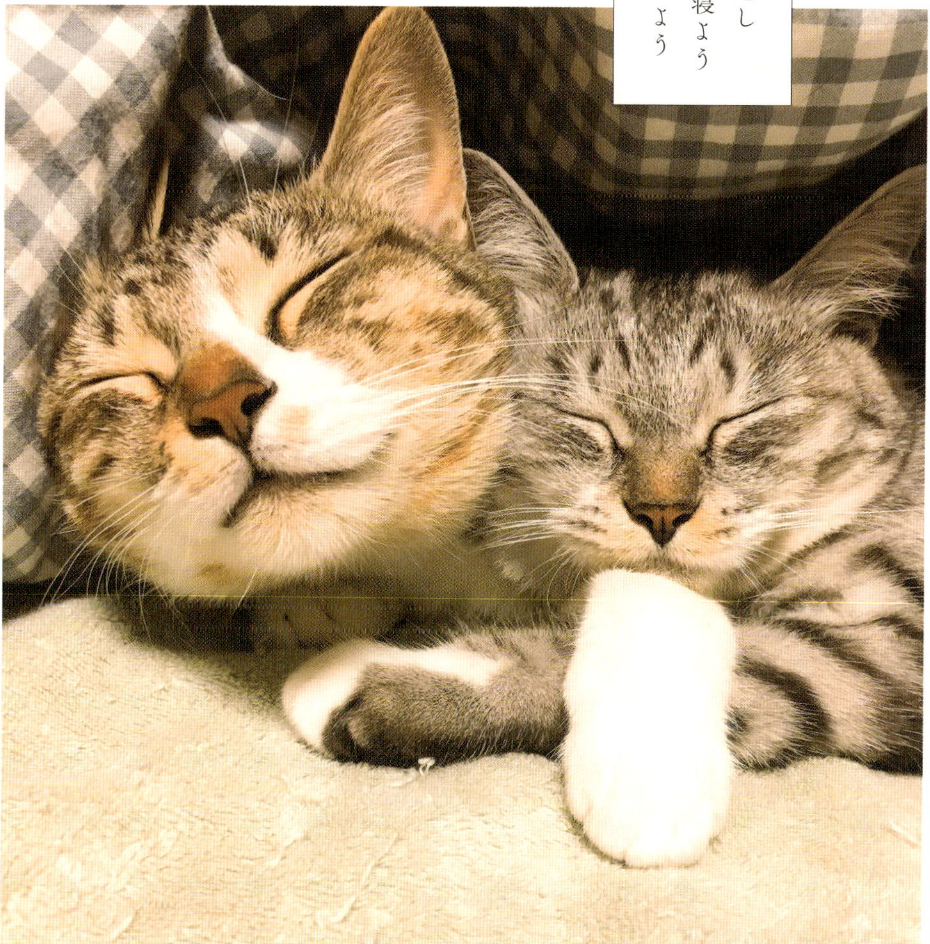

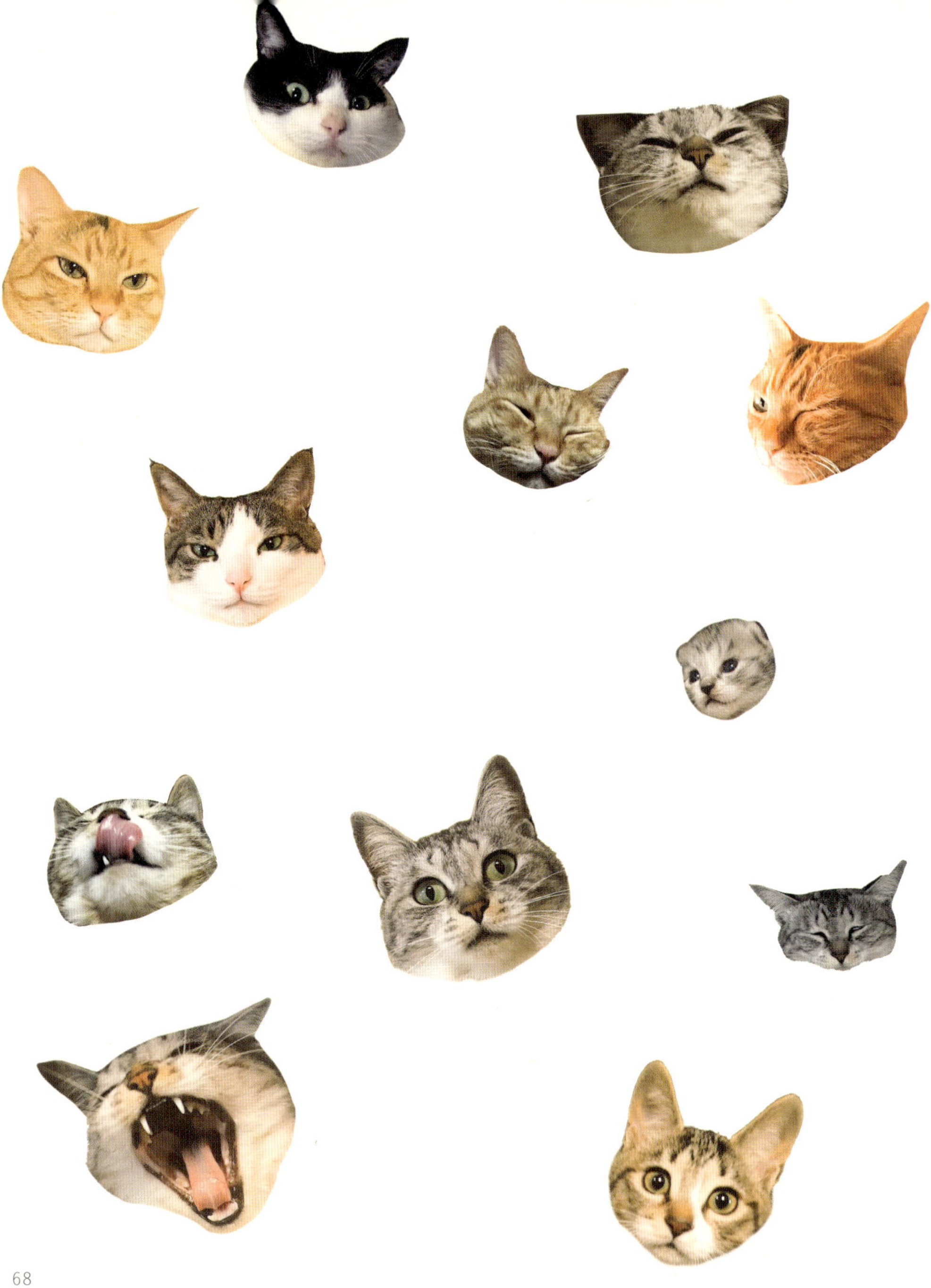

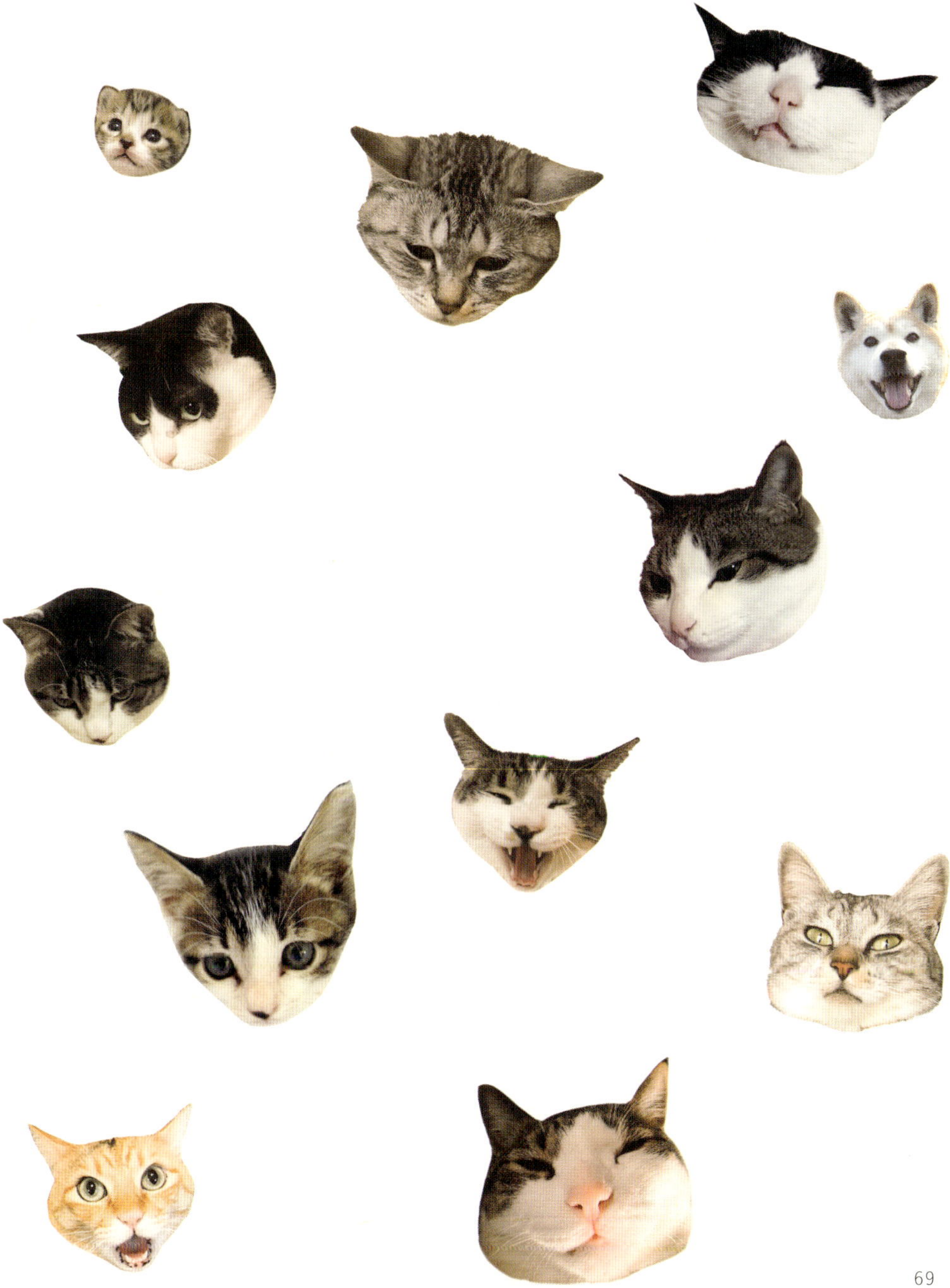

カバンが開けば忍び込む

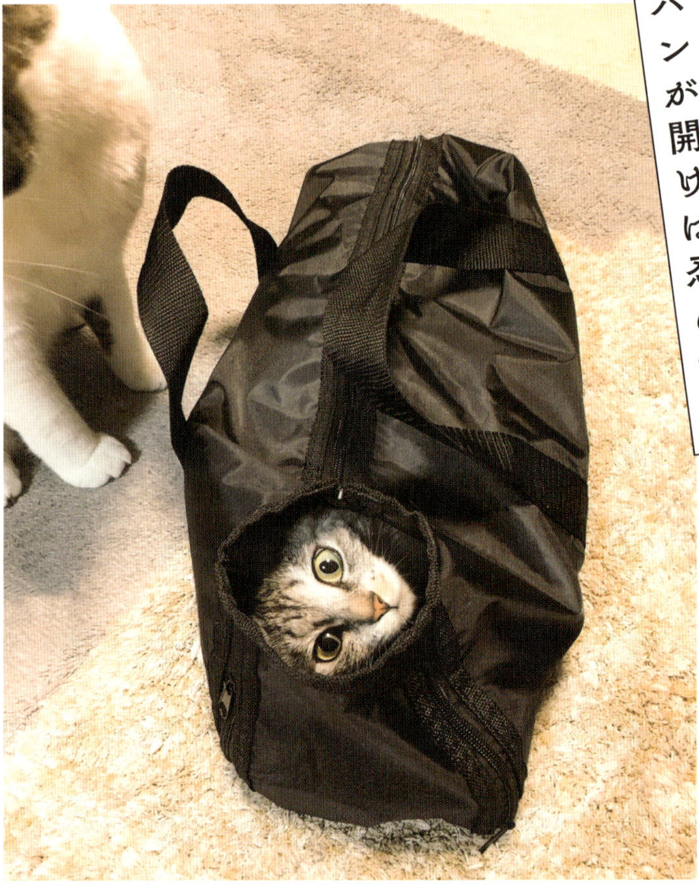

持ち出される気まんまんである。

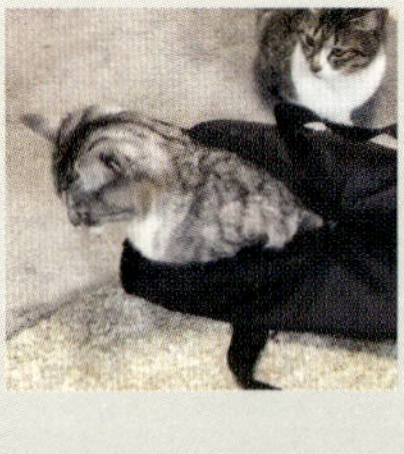

災害用猫持ち出し袋に使えそう！と購入、
開封５分後の状態である。

イッヌの一言

INNU

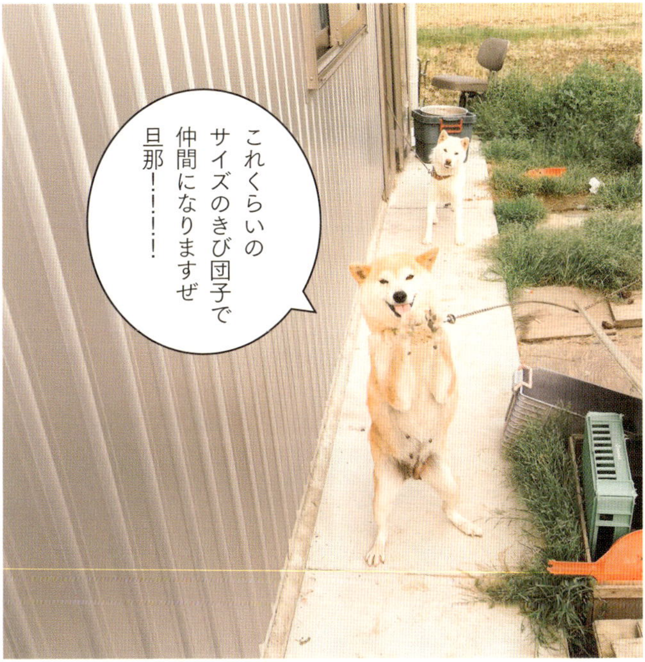

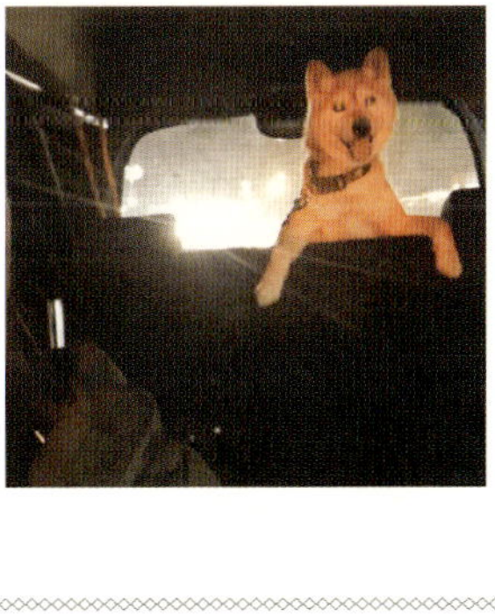

【ごきげん】

イッヌは知らなかった……
今から病院へ行くことを
……（検診）

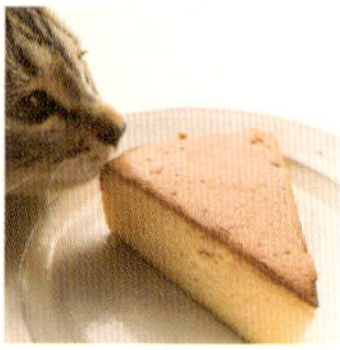

「秋の夜長にお酒としじゃも ししゃもとチーズのシガレット（春巻き）」

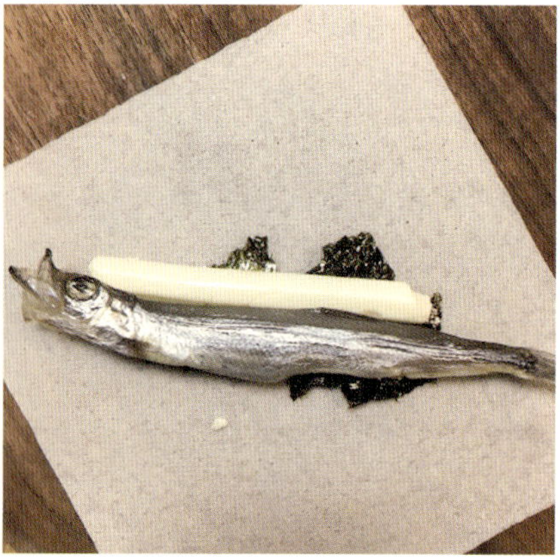

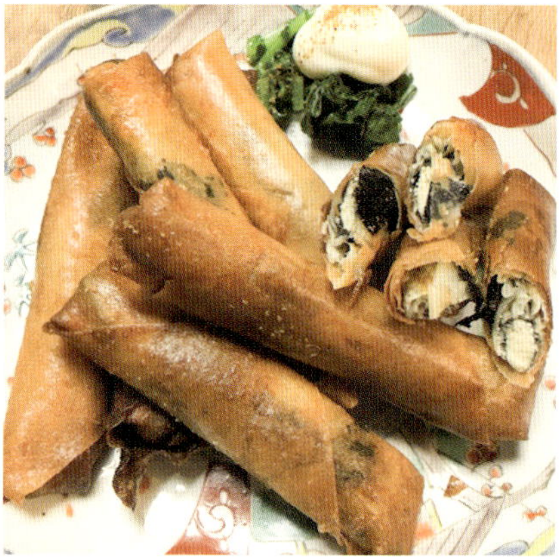

How to

【ししゃもとチーズのシガレット（春巻き）の作り方】

1. 春巻きの皮（あれば小さいサイズ、なければ大を半分に切って使う）の上に大葉１枚・細かくちぎった海苔（適量）・チーズ１枚・ししゃも１尾をのせて具材を包み込むように一巻きし、サイドを折り込んでからくるくるとタバコのようにできるだけ細くなるように巻く。チーズは揚げ油に漏れるとはねるので、皮をもう一枚同じように巻き二枚重ねにする。これを食べたい本数だけ作る。

2. 揚げ油を熱しぬるめの温度で春巻きを入れこんがりと焼き色が表面につくまでじっくりと揚げる。

3. 皿に盛り付け、七味とマヨネーズを添える。

※細い春巻きなので長めのガラスコップなどに入れてもおつまみっぽくて良い。

ココニャさんちの秋

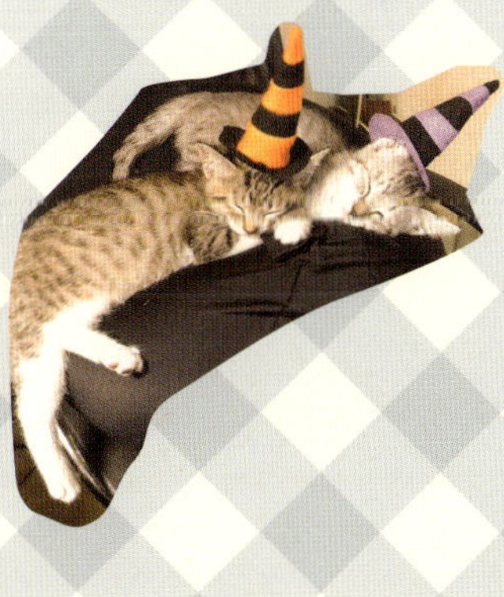

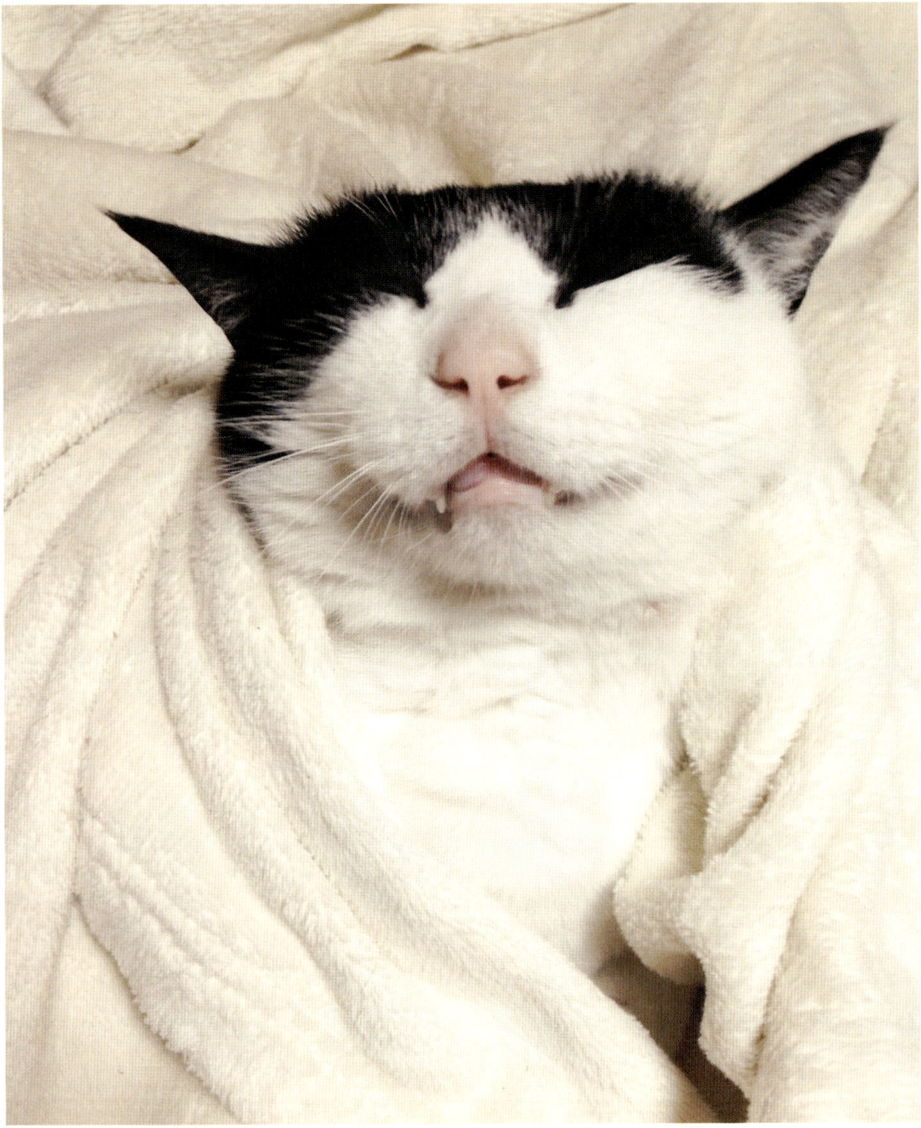

大猫「なんだか肌寒いね今日は……」

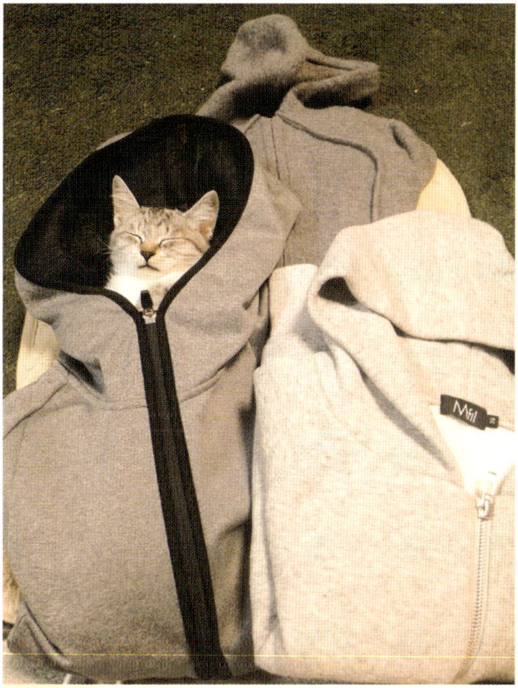

サバ身「あたたかい」

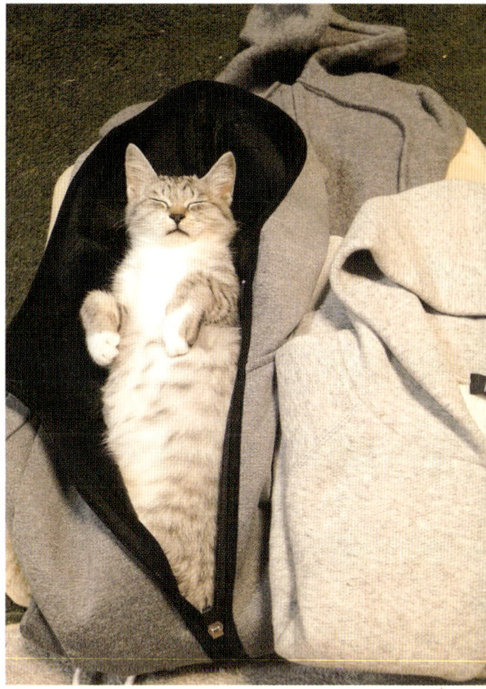

サバ身「少し寒い」

サバトラ鍋
始めました

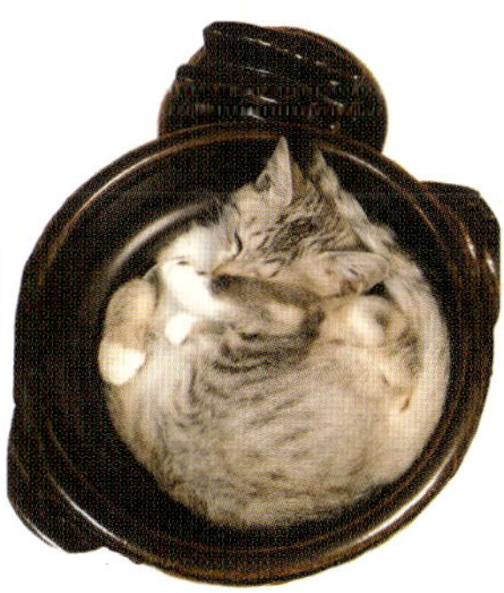

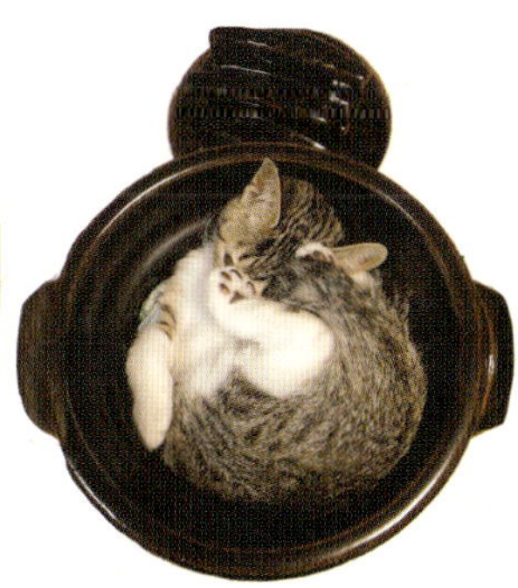

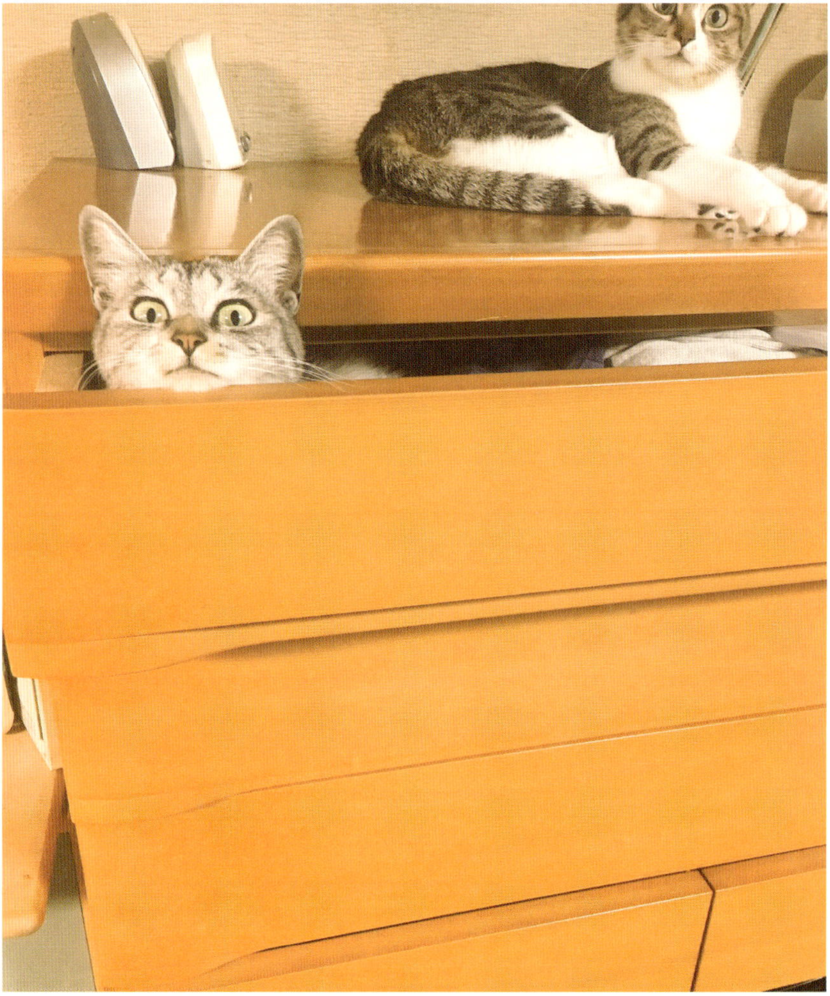

ココニャ家七不思議「永久に閉められない引き出し」

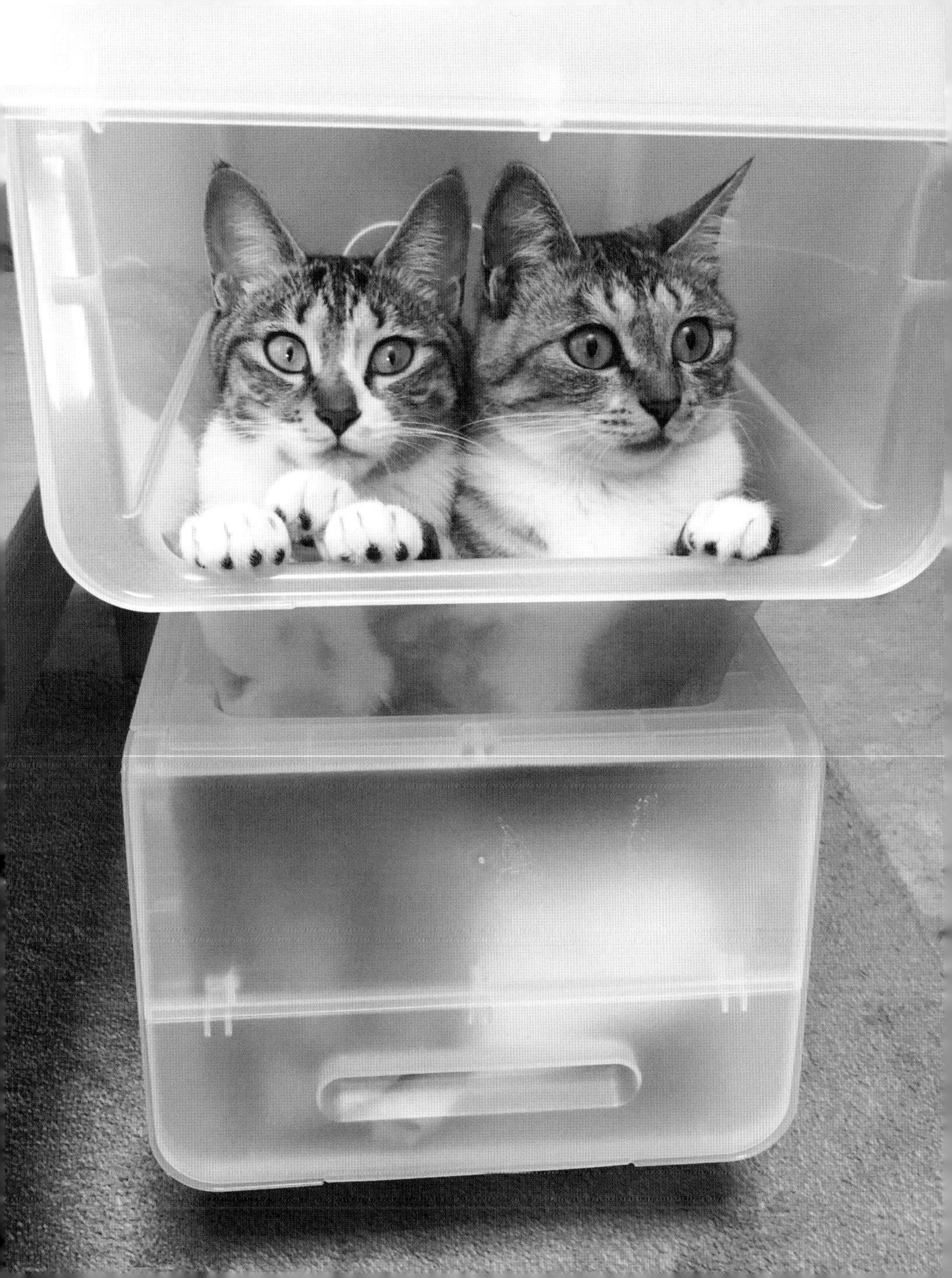

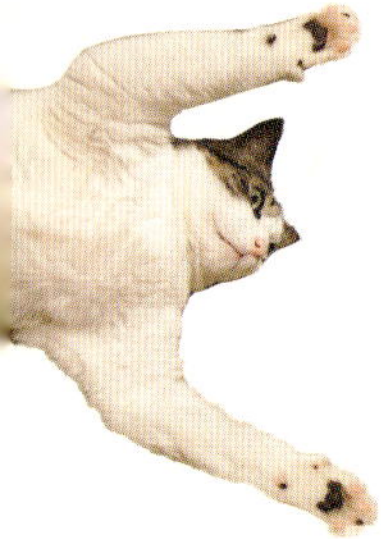

ココニャ家猫軍団掌&しっぽ研究報告

大猫

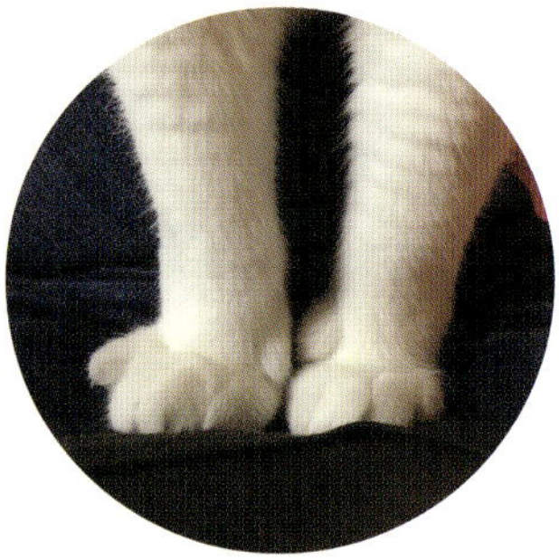

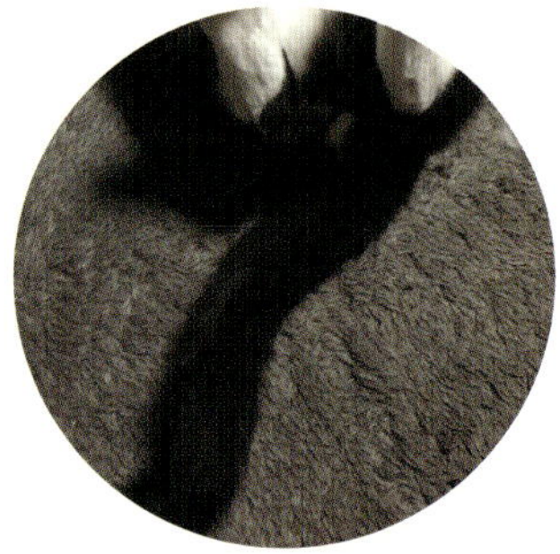

中猫

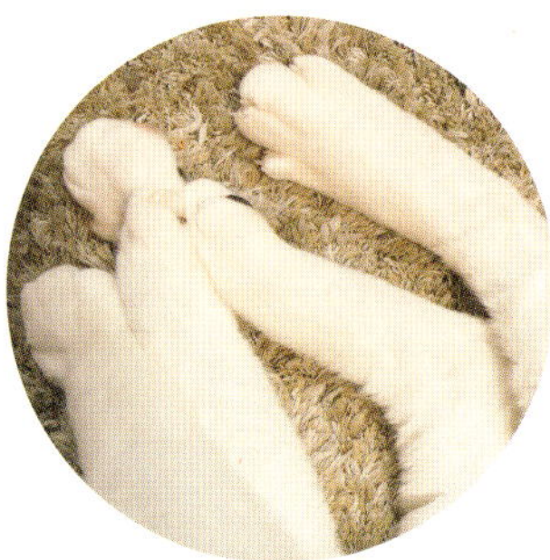

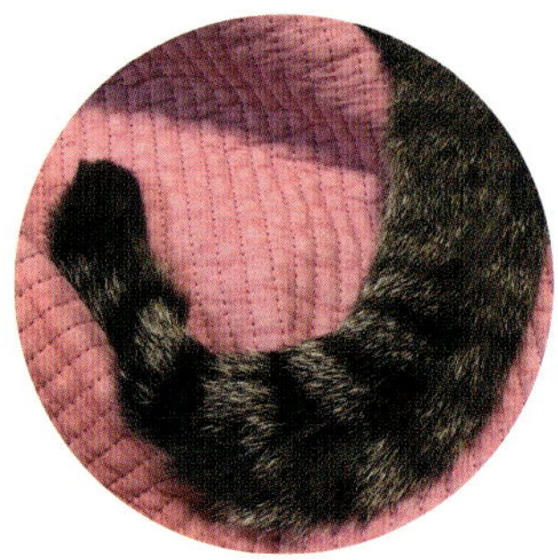

むっさん

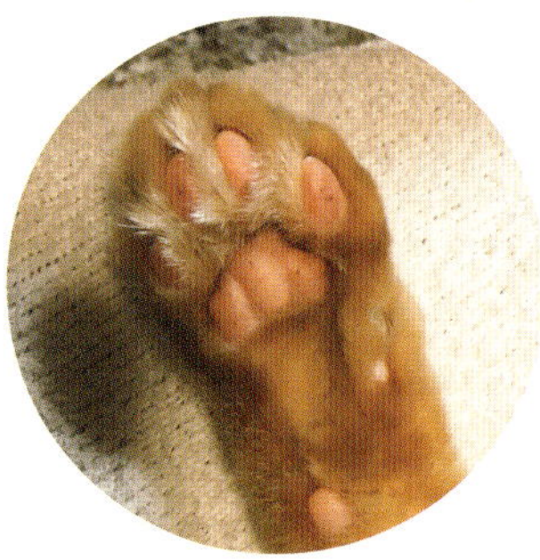

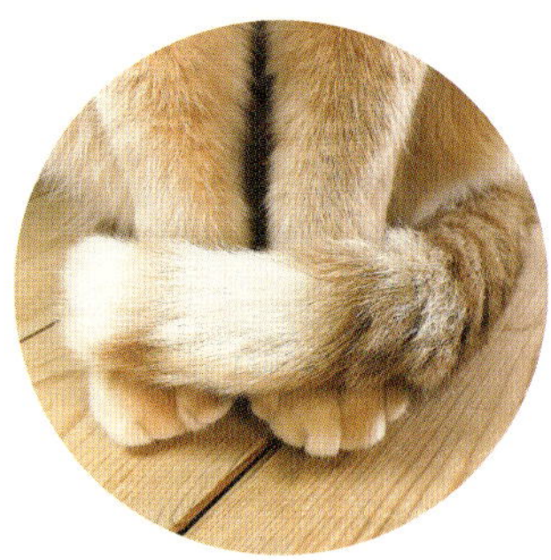

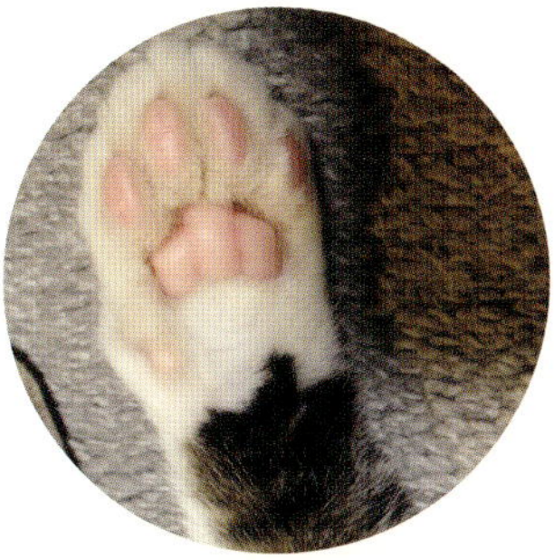
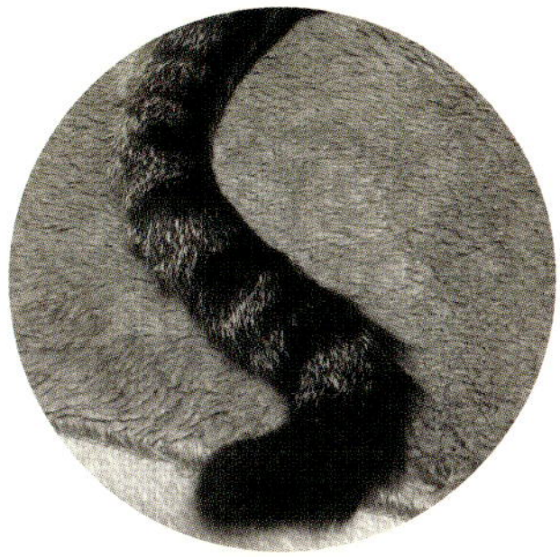

テンテン

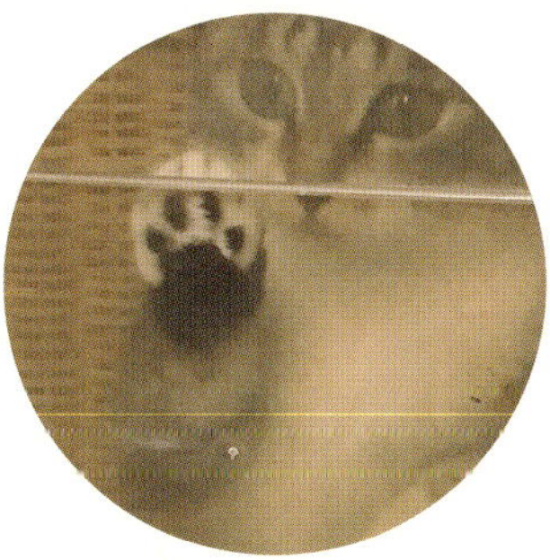
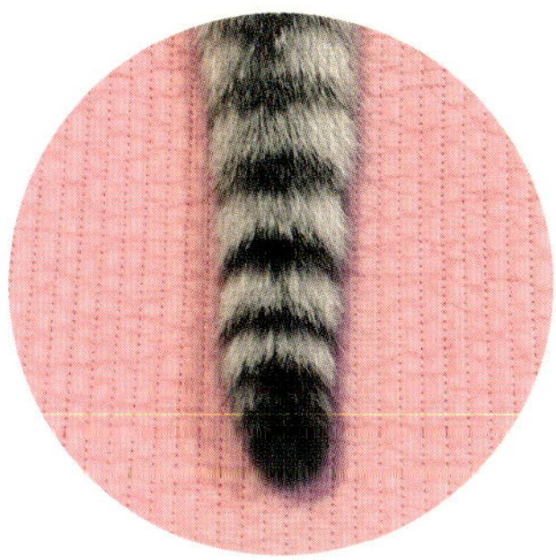

サバ身

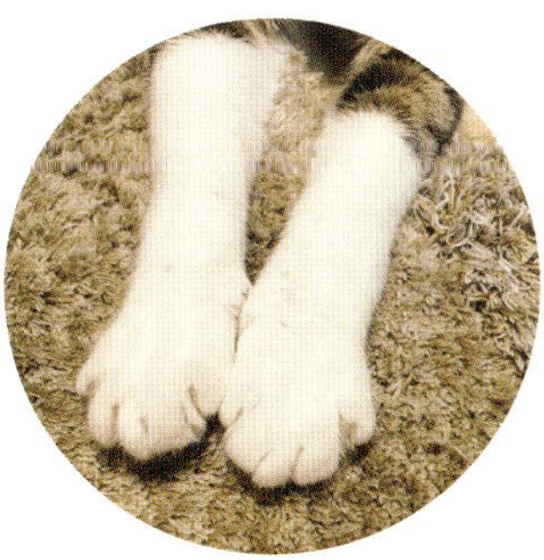
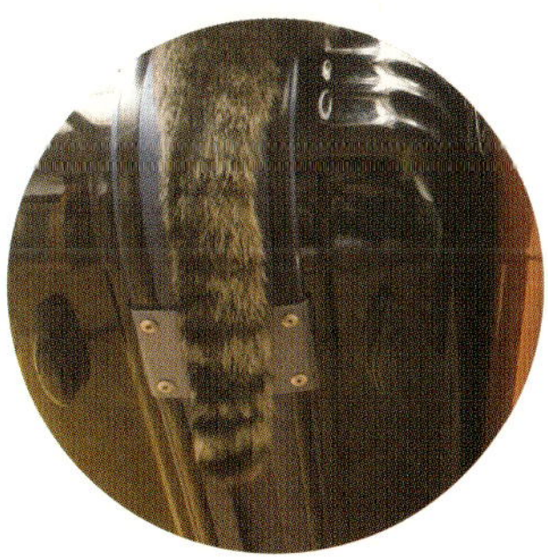

トラ身

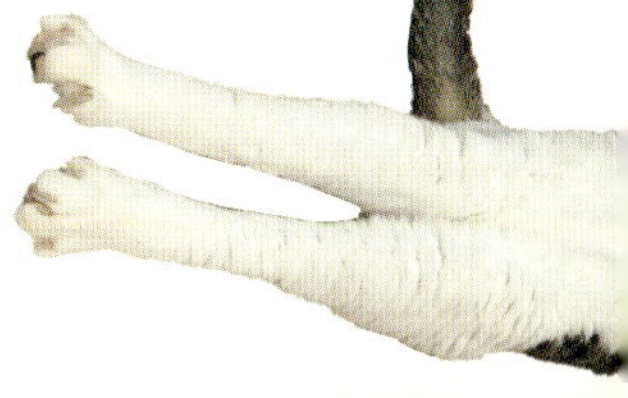

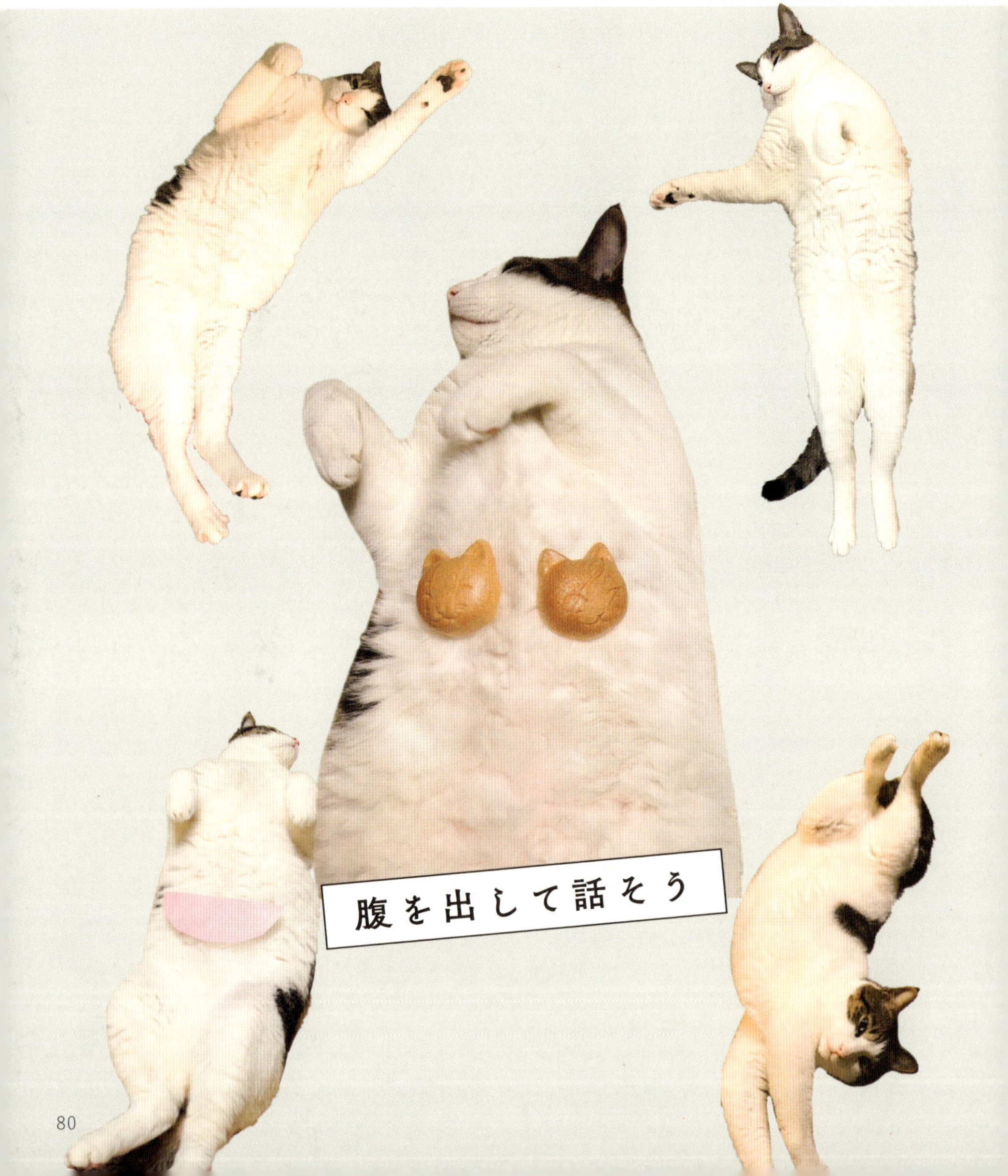
腹を出して話そう

中猫の一言

CHUNEKO

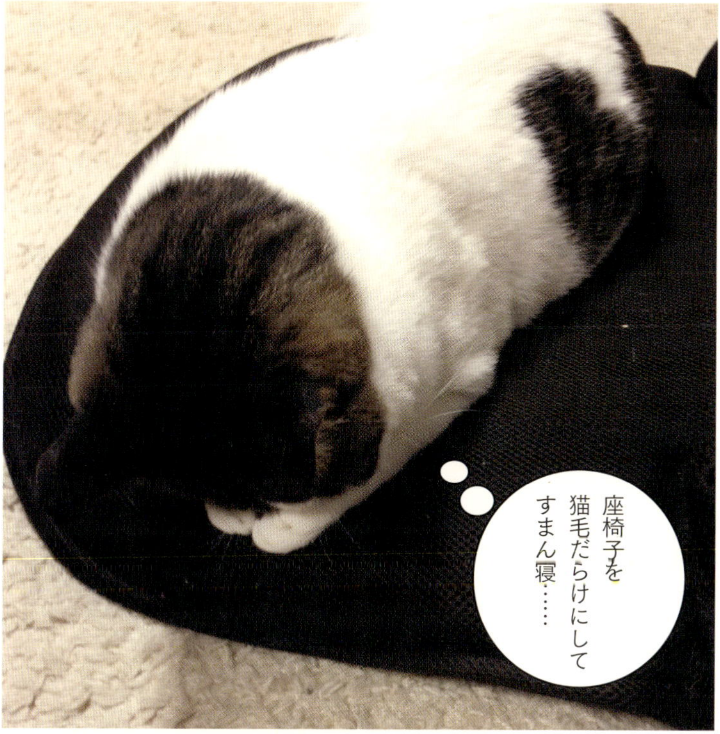

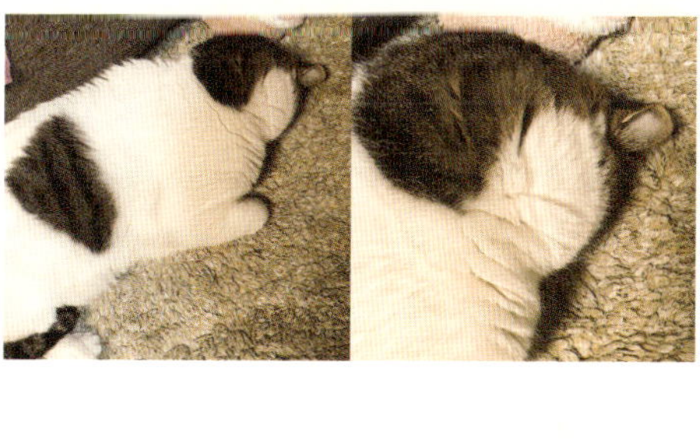

【猫社会】

のみつぶれて
ねむるまで
のんで寝

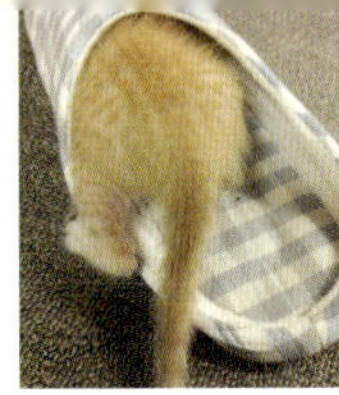

ココニャさんちの

冬のレシピ（ヒト用）

「あたたかなストーブの前で食べたい冬のデザート 苺と小豆の簡単パルフェ」

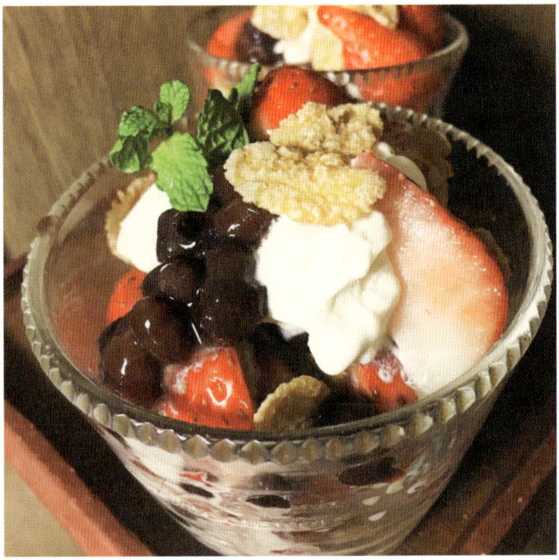

How to

【苺と小豆の簡単パルフェの作り方】

1. バニラアイスクリーム（適量）は冷凍庫から出してしばらく置き、やわらかめにしておく。
2. 小さめのグラスにコーンフレークを好みの分量入れる。
その上に少し溶かしたバニラアイス（適量）を入れ、その上に煮小豆（市販のものでもOK、
硬めの煮小豆の場合は少し水を加えてゆるめると入れやすい）を重ね、
その上に４等分にした苺……と重ねていく。
3. 段々にしていき一番上にバニラアイスがくるようにして苺を盛り付けコーンフレークを
ぱらりとふりかけ、ミントの葉（あれば）を飾れば完成！

※とにかくめっちゃ簡単で美味しい！　苺が出始めると必ず作るデザートです。

ココニャさんちの冬

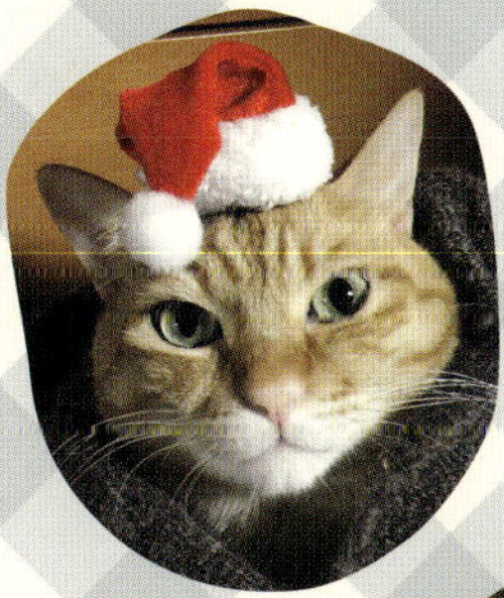

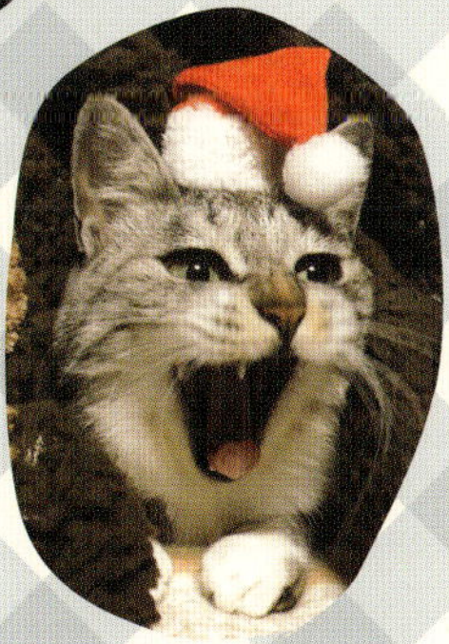

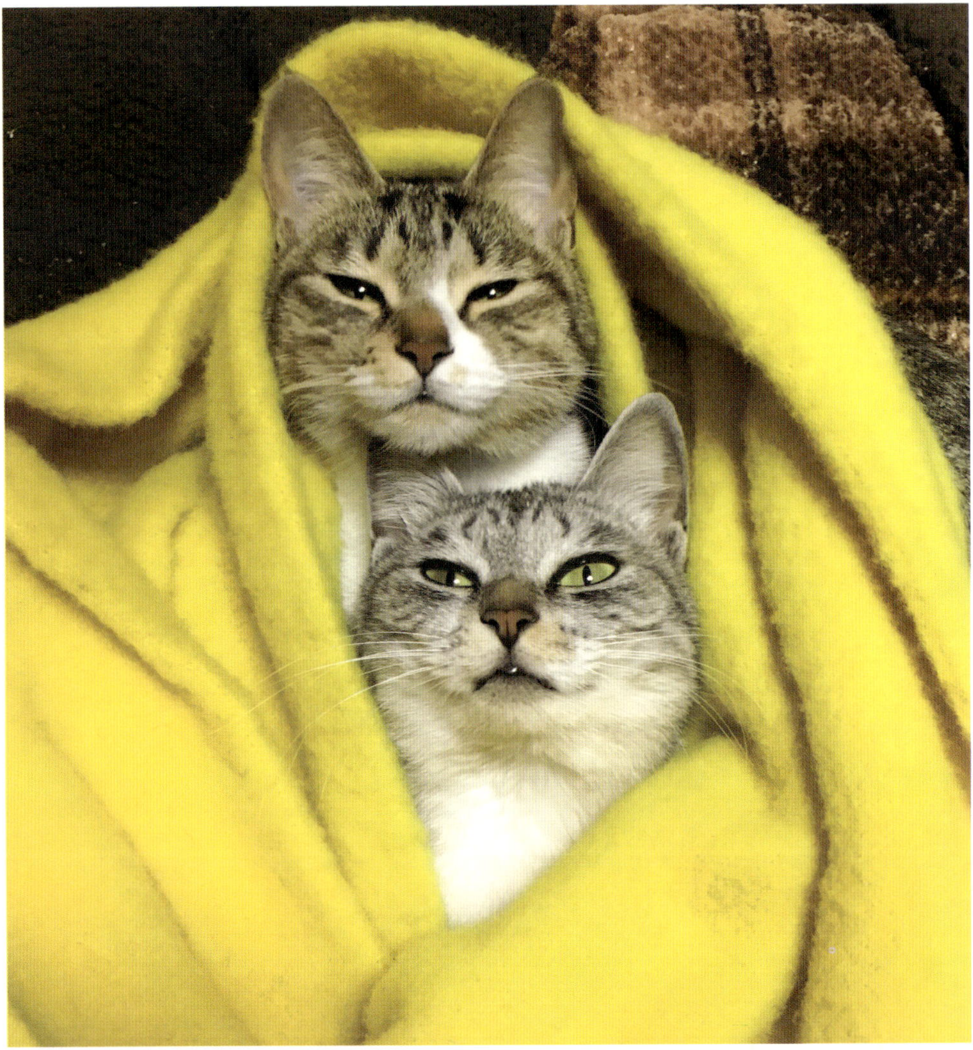

風邪のひきはじめにはサバトラW

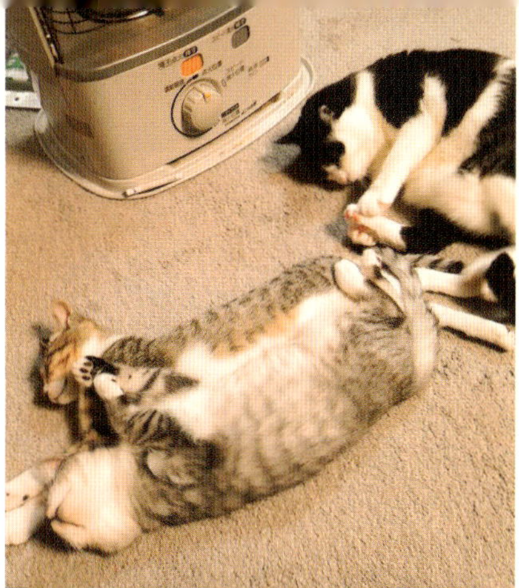

ストーブ前はいつもぬっくぬく

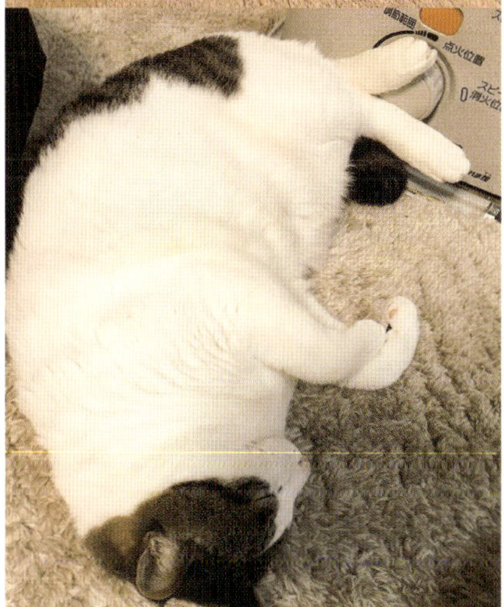

感じる……ストーブのスイッチは
切らせないぞという、
強い意思を……！！！！

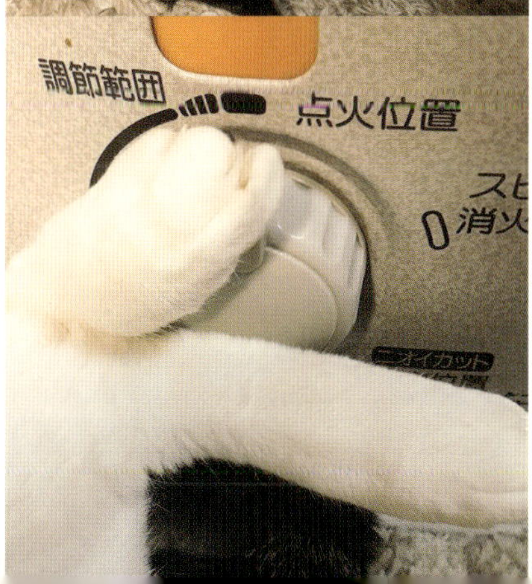

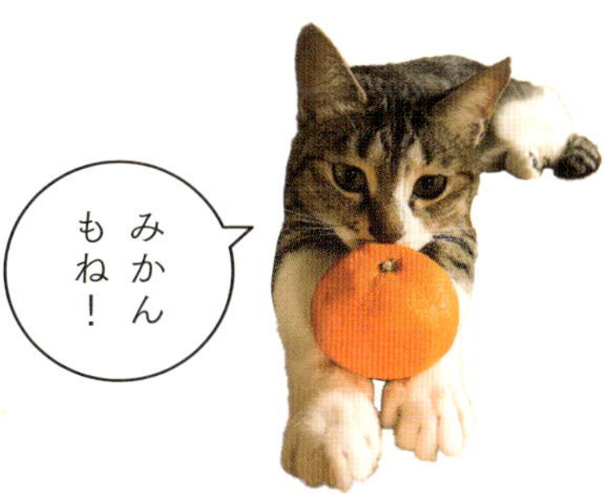

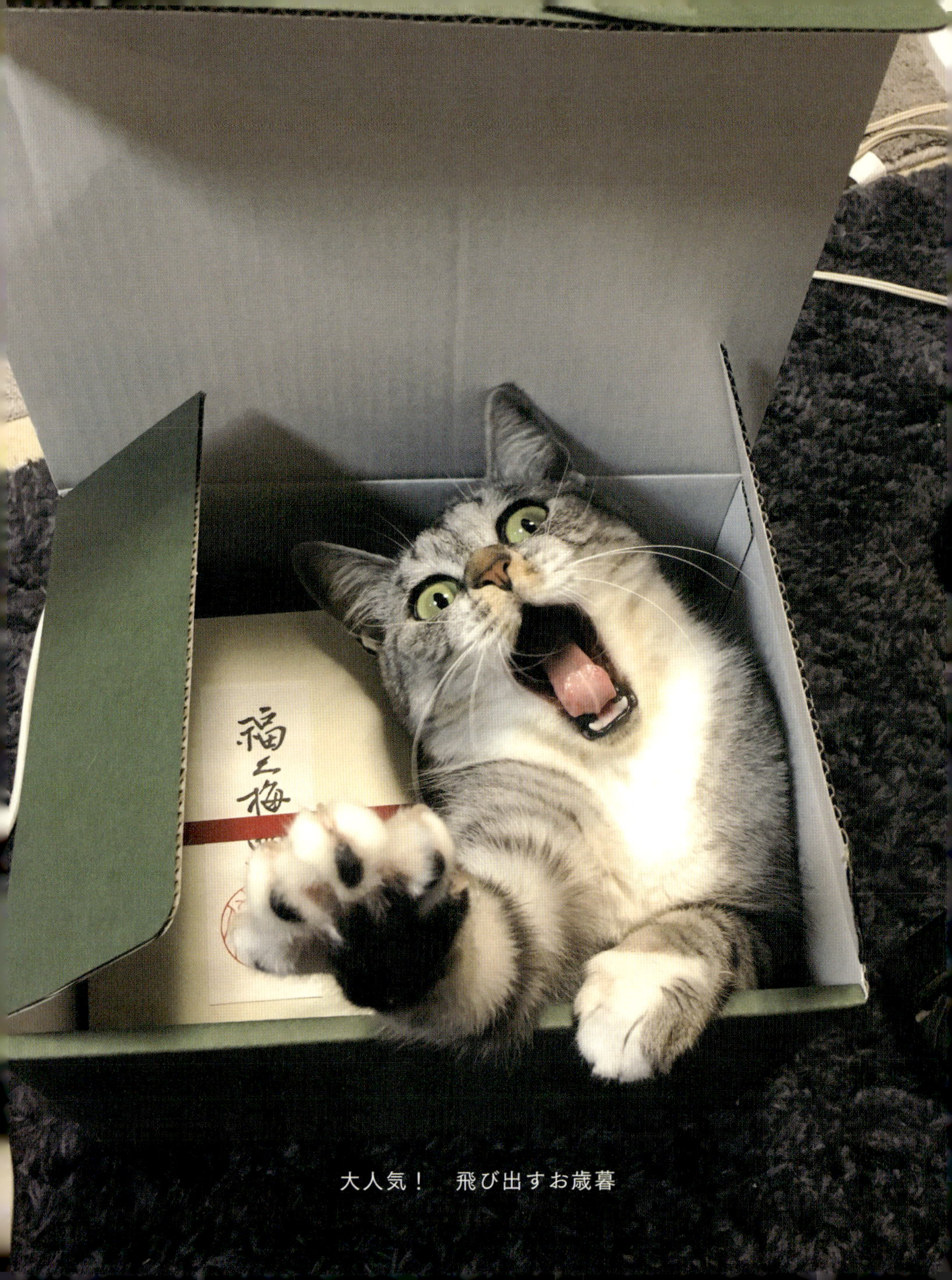

大人気！　飛び出すお歳暮

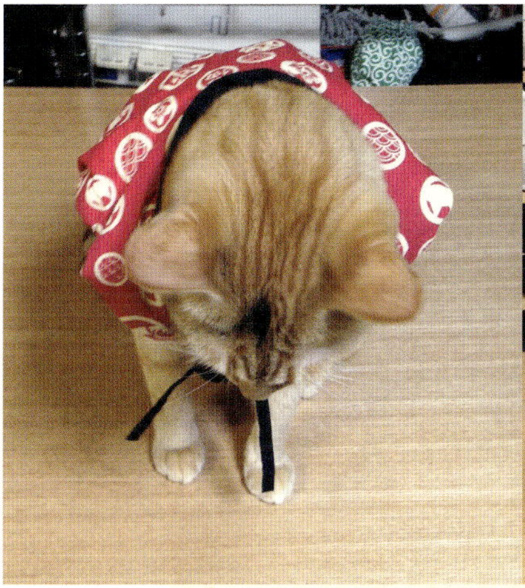

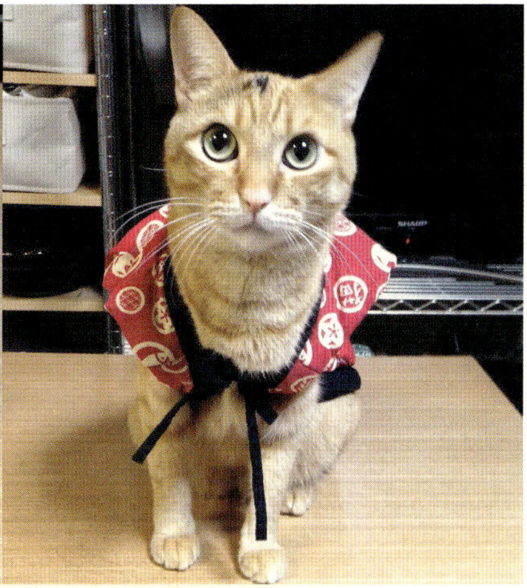

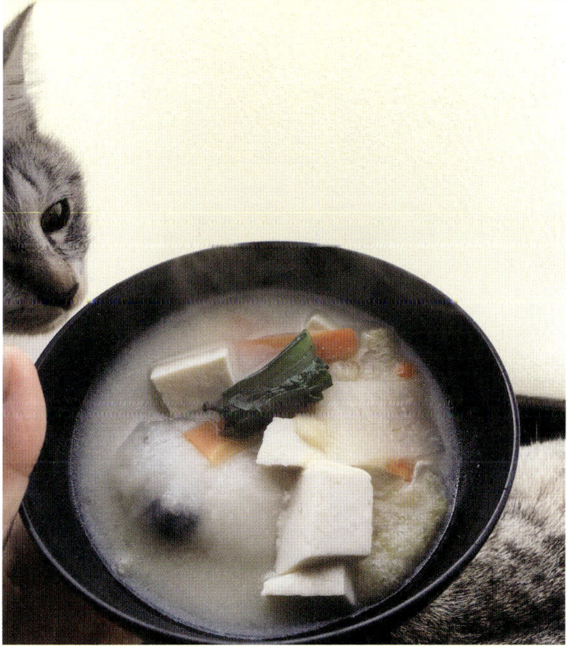

あけおめことよろ猫。

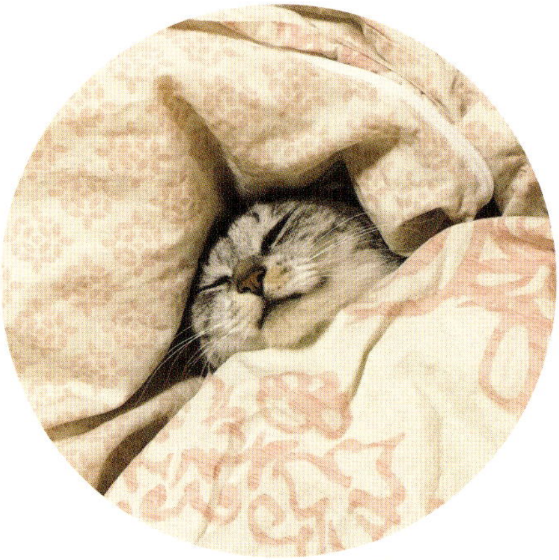

「明日春がきたら」

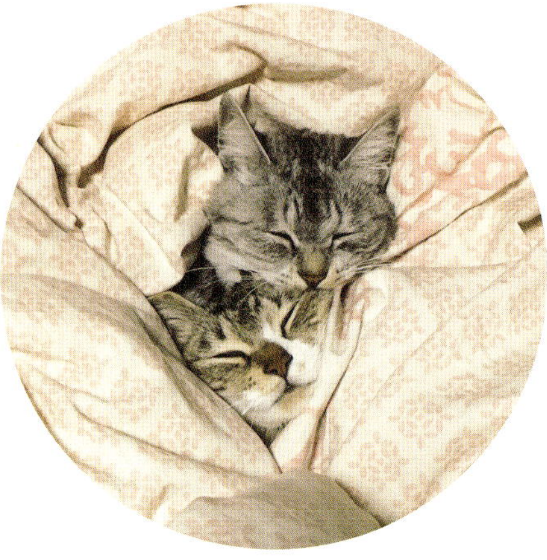

「今日も春がこない」

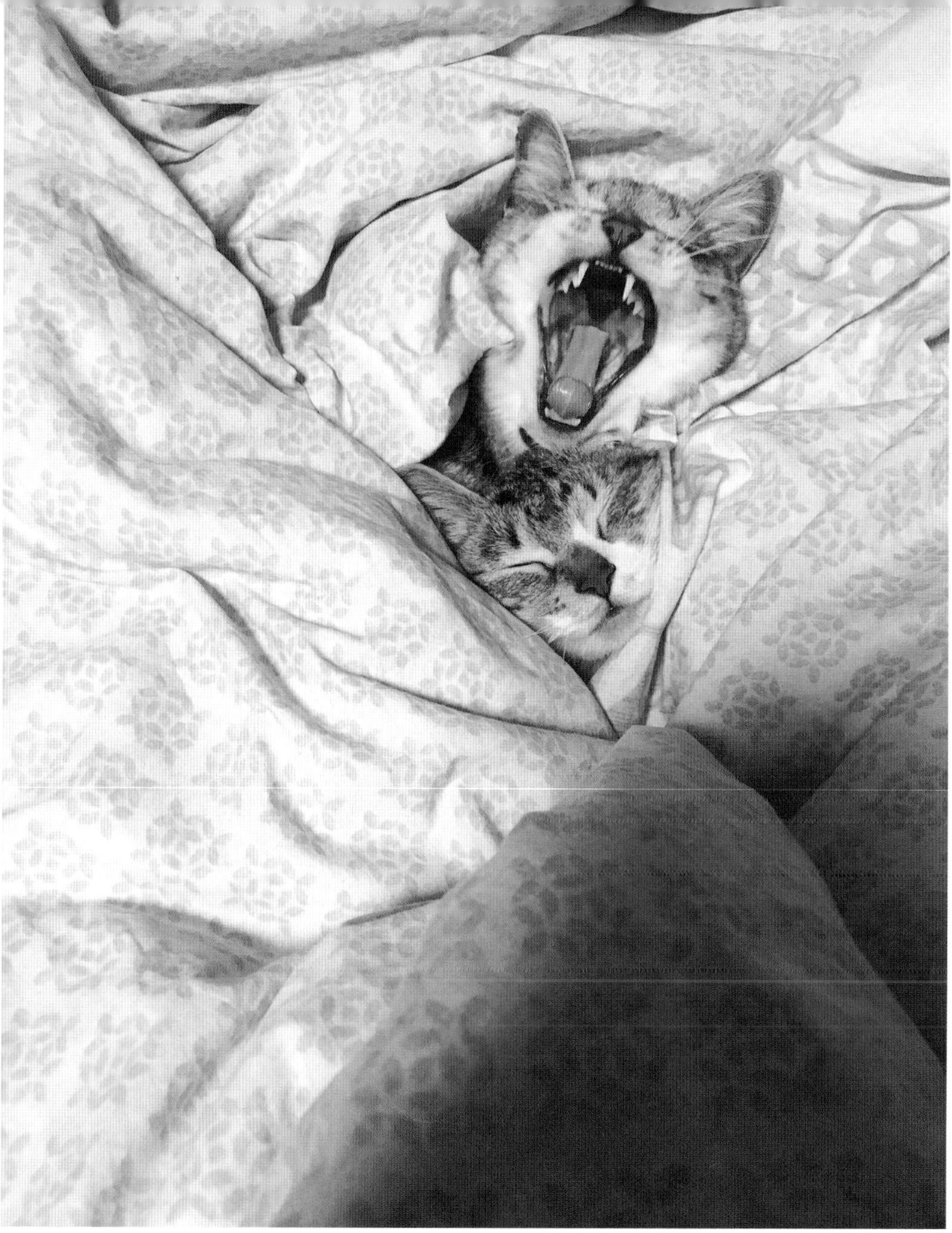

サバ身「はるよこいッ！！！！」

どうぶつ病院詣で

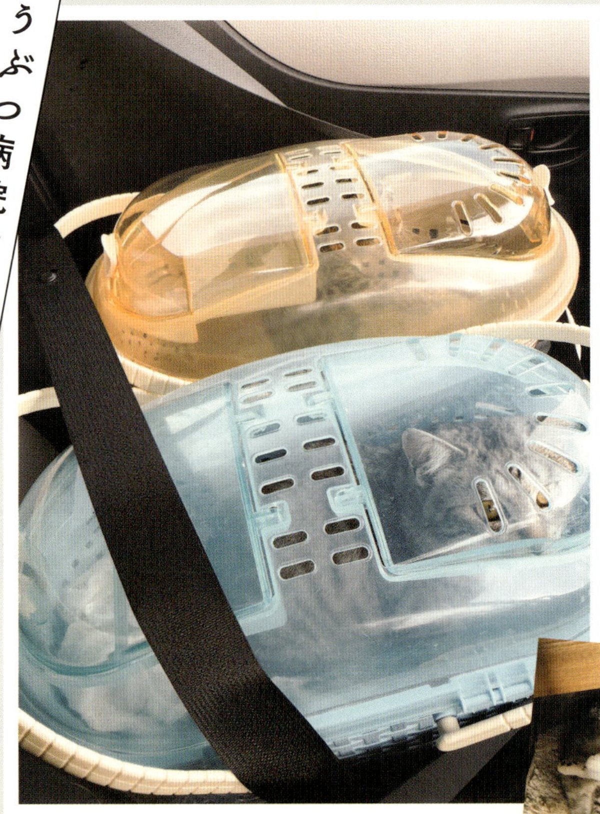

初めての春、避妊手術に向かうサバトラ。

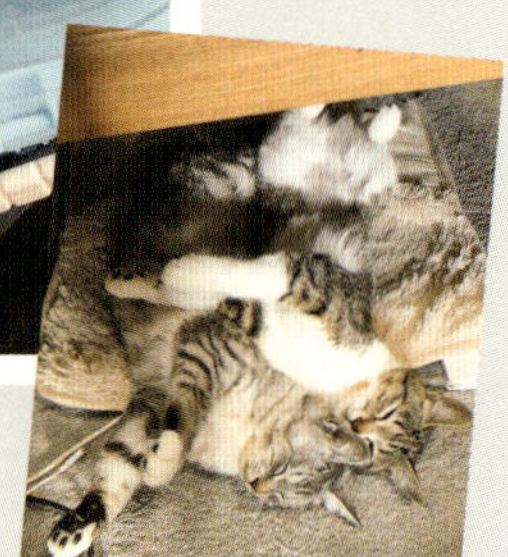

メンズの多いココニャ家で
皆に心配されるも仲良く回復！

※男の子は去勢、女の子は避妊手術。
男の子は日帰り、女の子は入院が
必要なことが多い。

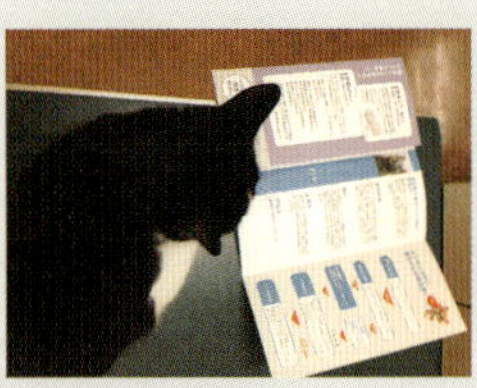

動物病院で猫の感染症について
学ぶおひげにゃん。

サバトラの一言

SABATORA

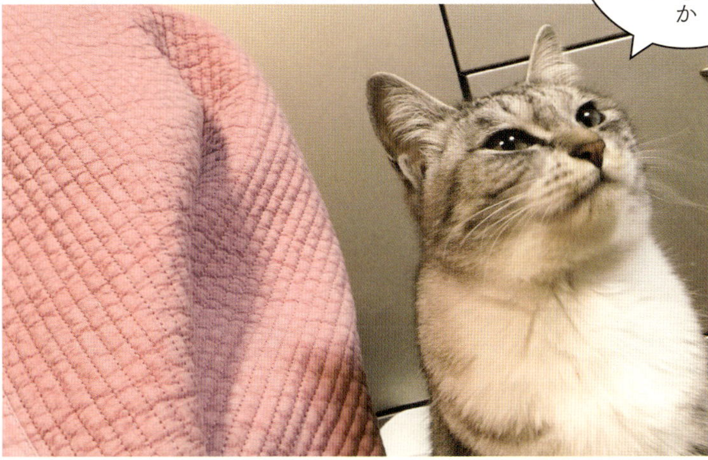

【詠み猫　サバ身師】

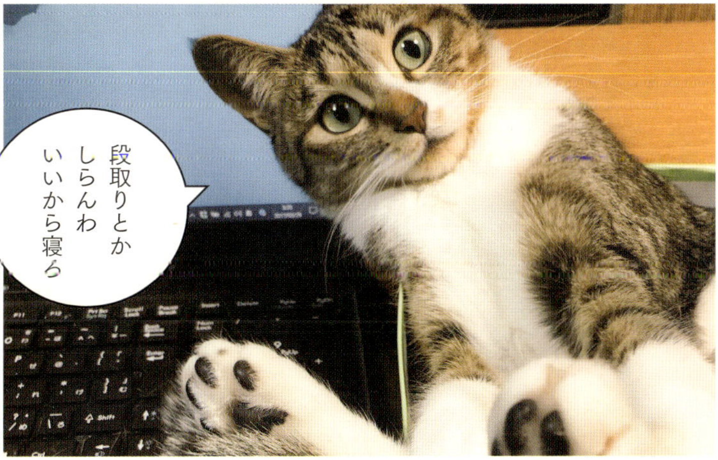

【ドクターストップ　トヲ身ちゃん】

ココニャさんちの

春のレシピ（ヒト用）

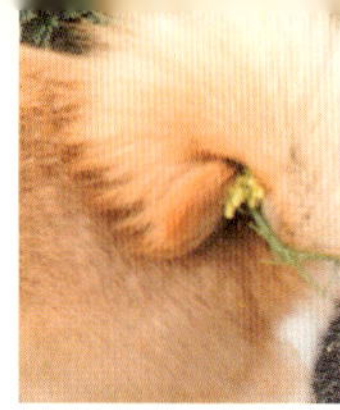

「やっと春がきた！
新たけのこの炊き方と炊き込みごはん」

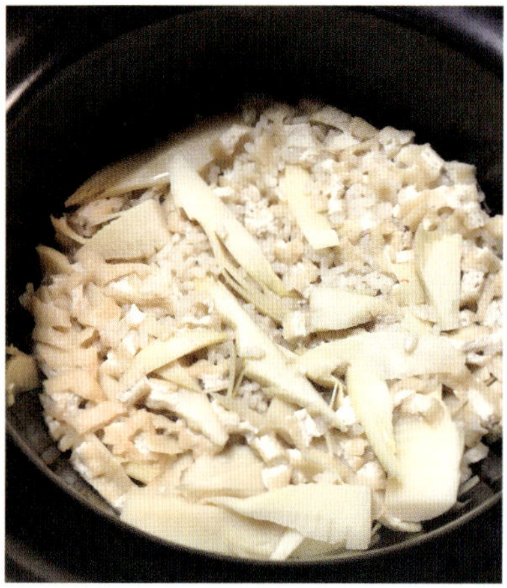

How to

【たけのこの炊き方】

1. たけのこは表面についた泥をきれいに洗い、根本と穂先を数cm切り落とす。
2. 身を傷つけないように皮の部分に７cmくらいの切れ目を入れて火を通りやすくする。
3. たけのこがすっぽり入る鍋にたっぷりの水とたけのこ、ぬかまたは米1/2カップと赤とうがらし１本を入れて強火にかけ、沸騰したら弱火にし表面に竹串をさしてみてスッと入るまで１時間ほど煮る。
4. そのまま置き完全に冷めたら水洗いして皮をむいて完成。

※水に漬けて冷蔵庫に入れておけば４日くらい持ちます。（水は毎日替える）

【新たけのこの炊き込みごはんの作り方（４人分くらい）】

1. 米２カップはといでザルにあげておく（30分くらい）。
2. 茹でたたけのこ100g程度を食べやすいサイズの薄切りにし、湯通ししたお揚げ１枚はみじん切りにして炊飯器に米と共に入れる。
3. 釜に出汁400cc、酒、薄口醤油各大さじ２を加えていつも通りに炊く。

ココニャさんちの春

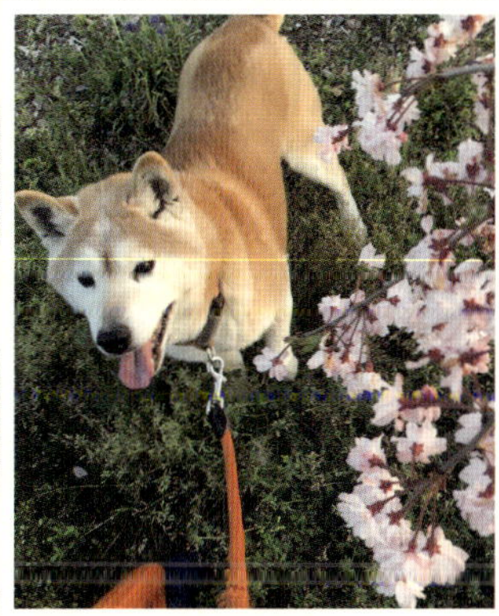

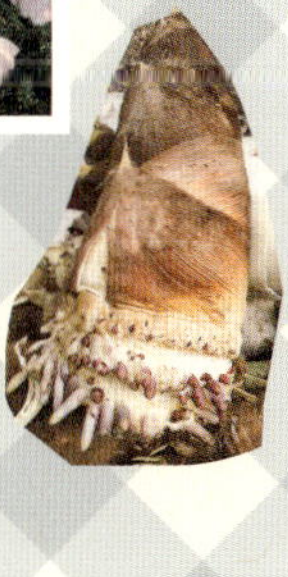

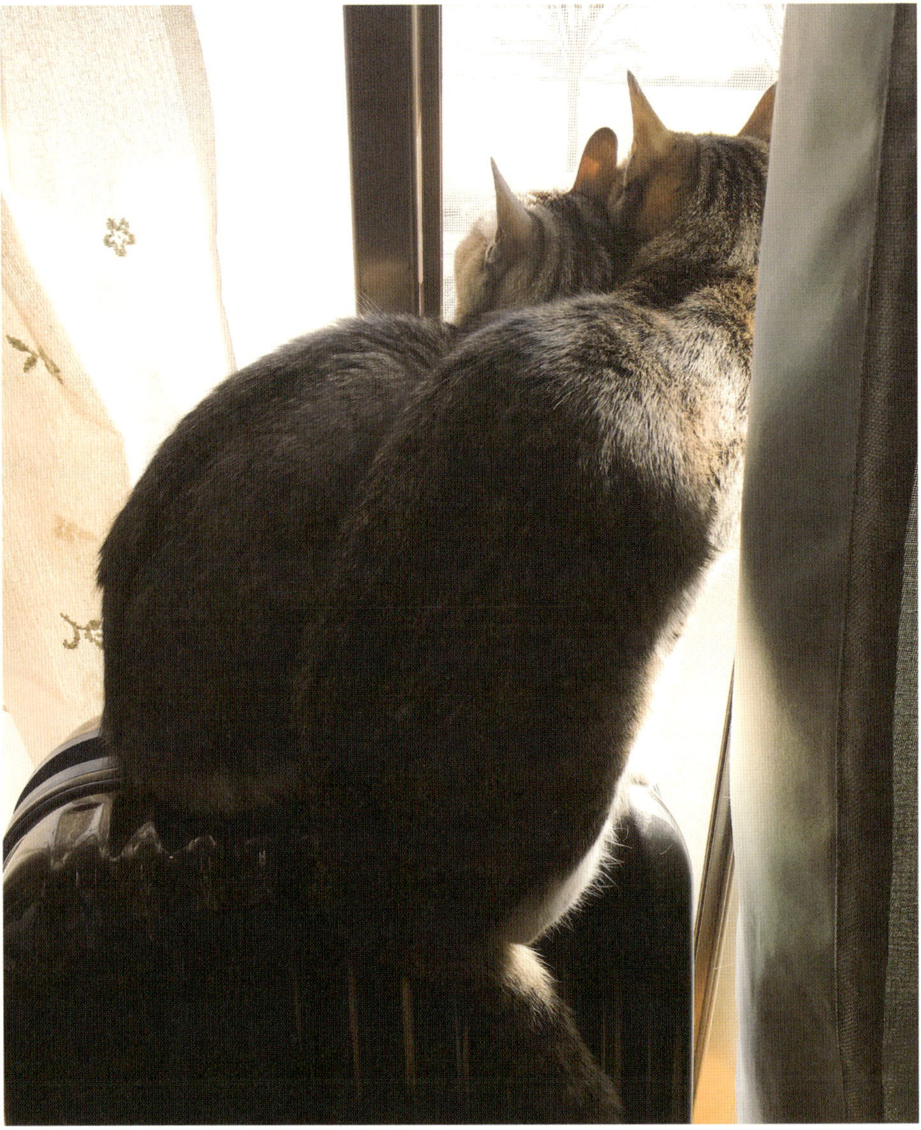

むこうを行くのは春じゃないか!?

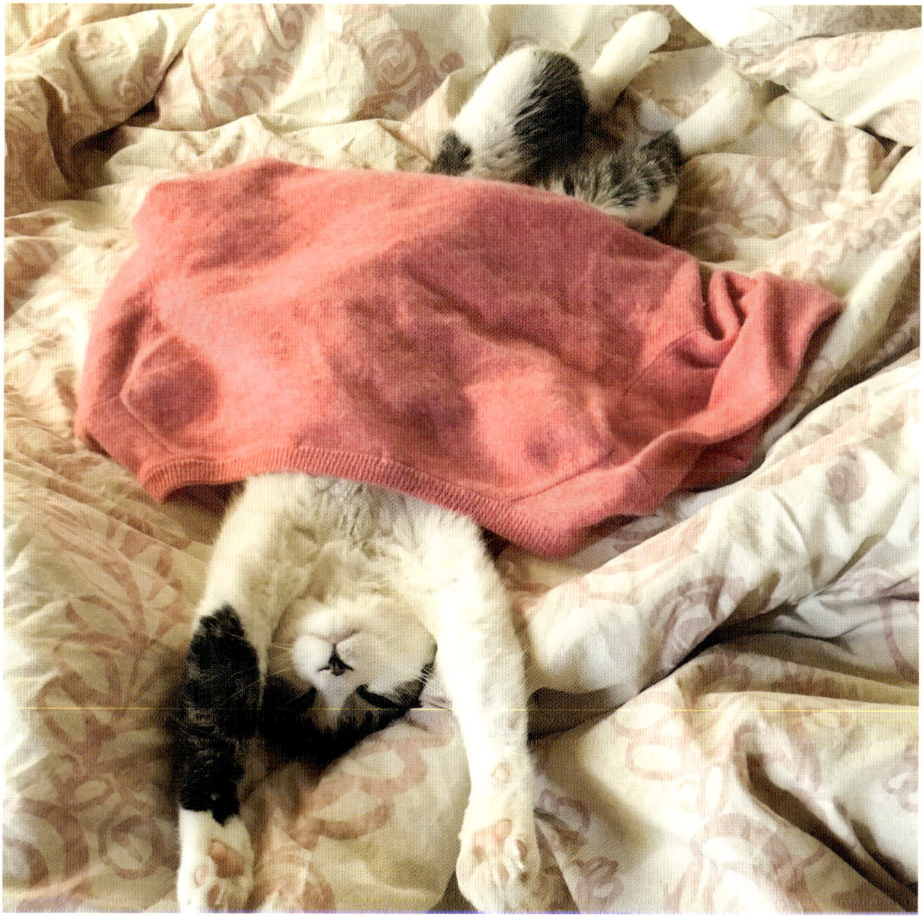

猫の寝相でみる春の到来。

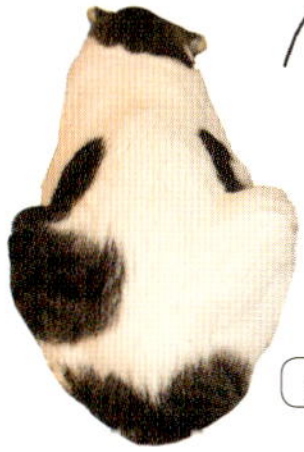

少し寒い

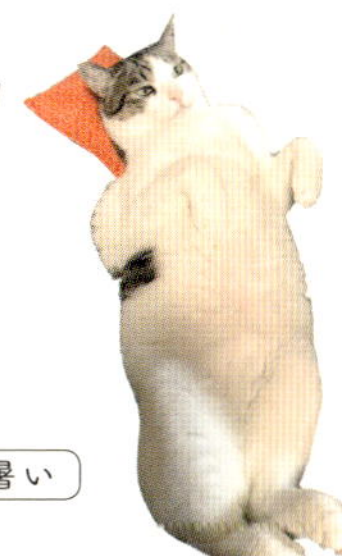

少し暑い

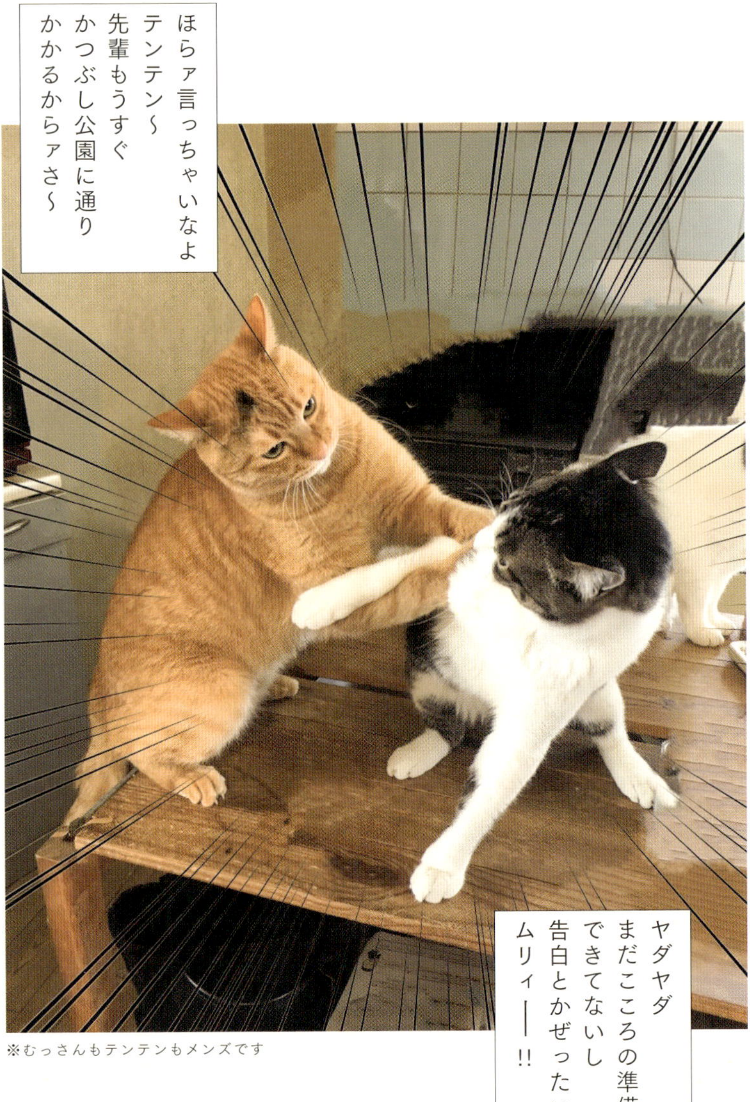

※むっさんもテンテンもメンズです

痴話喧嘩

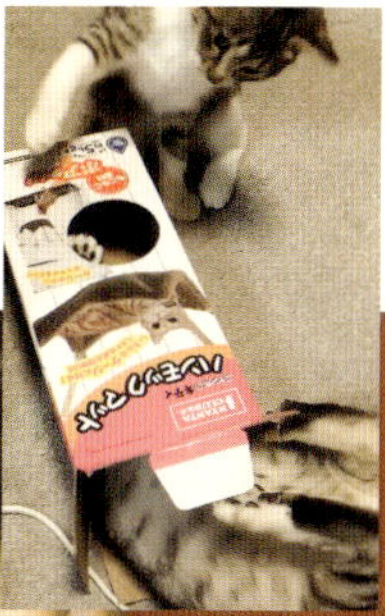

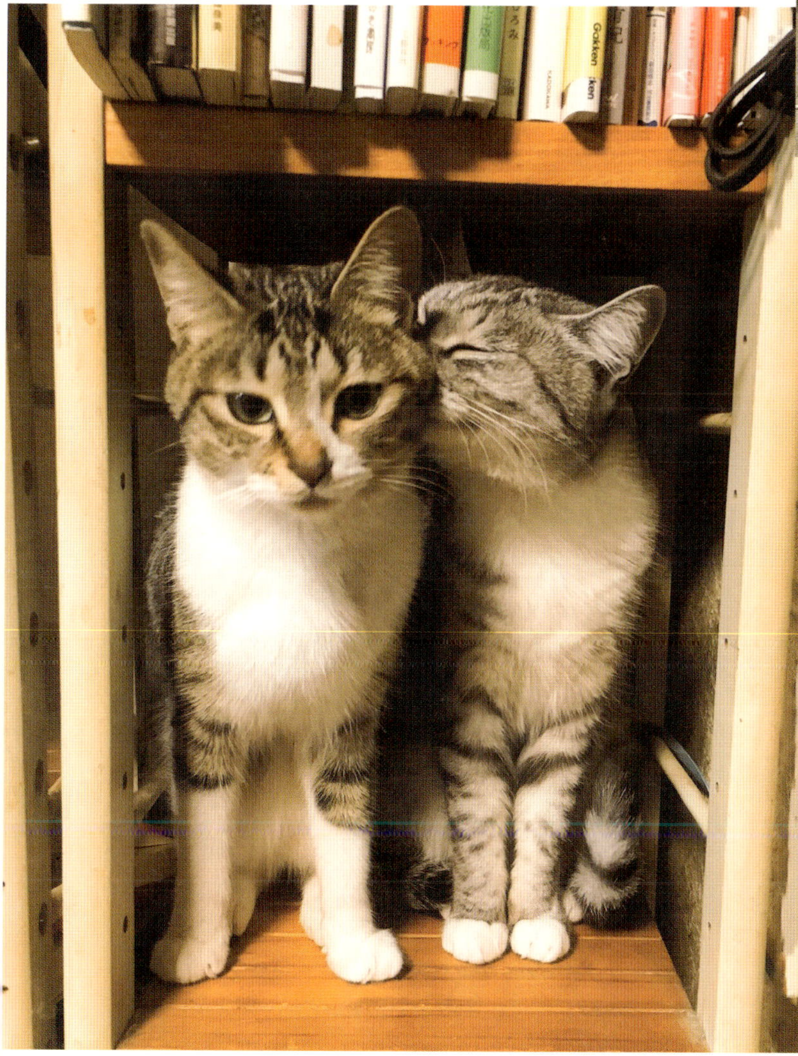

大好きのキス～なかなおり編

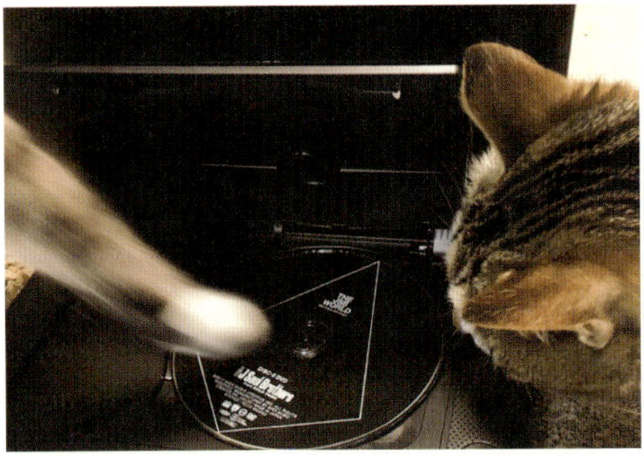

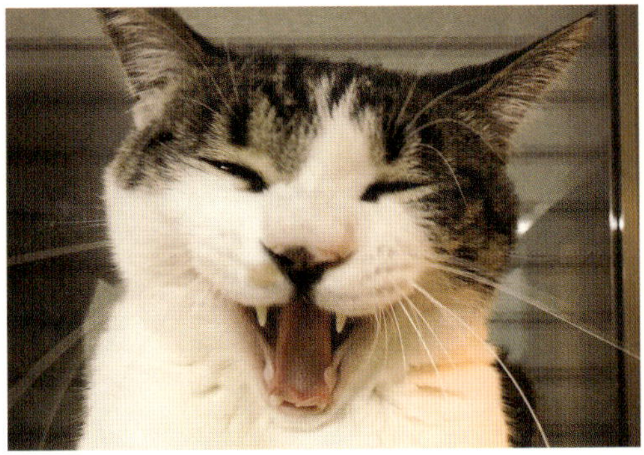

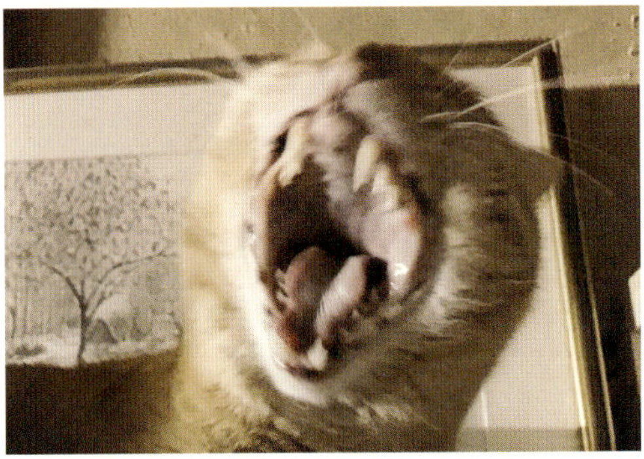

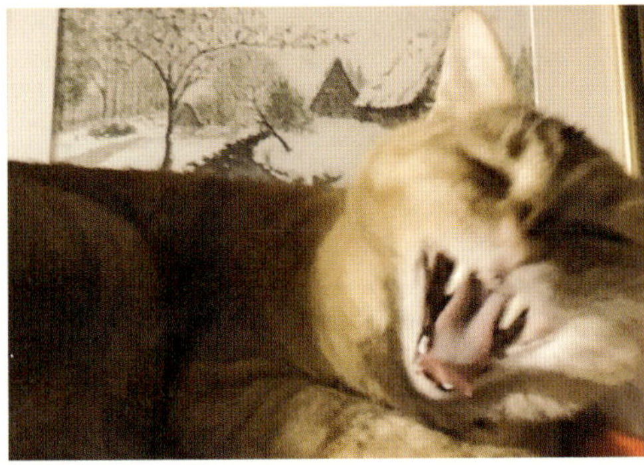

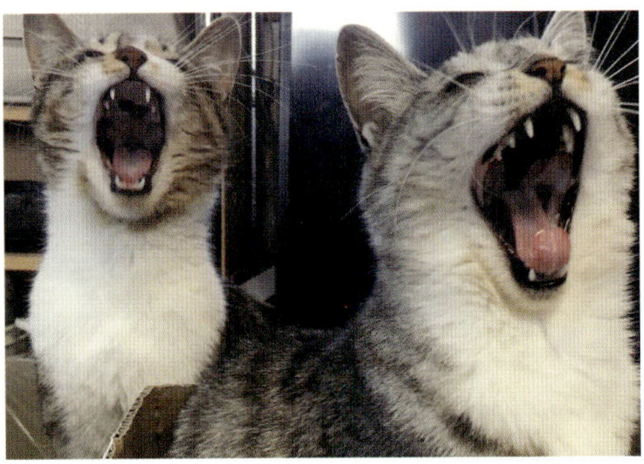

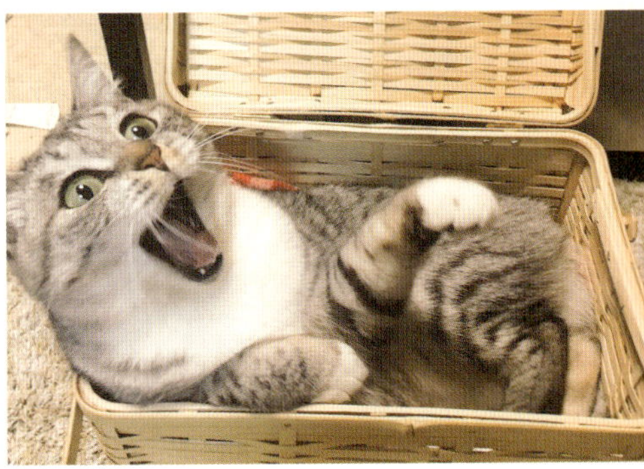

ウェイウェイウェーーーーーイ

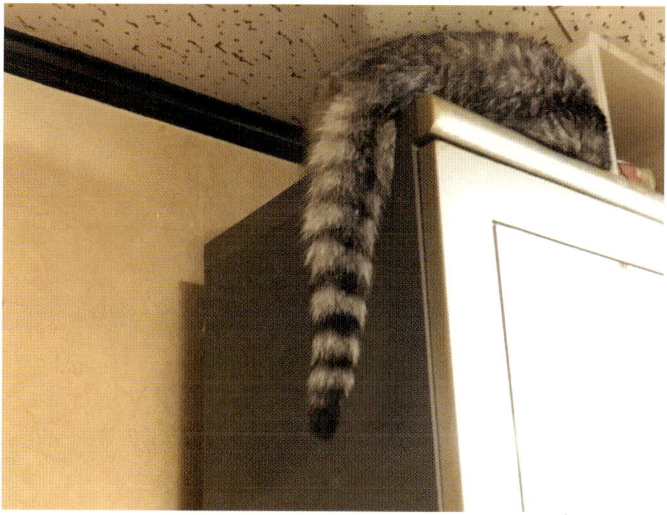

ぼくはそれを引いてみようと思った。

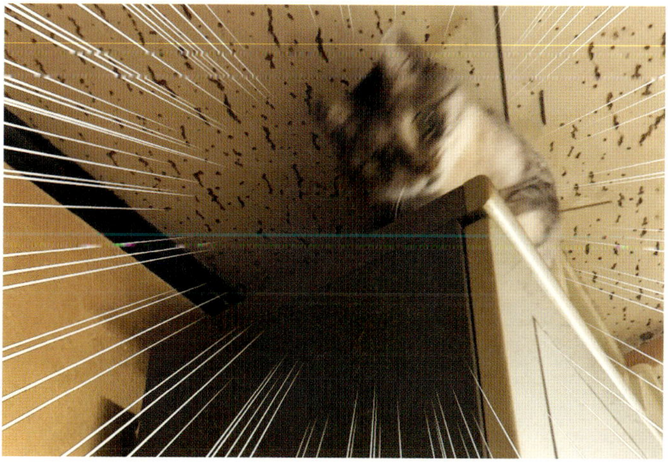

引いた瞬間。

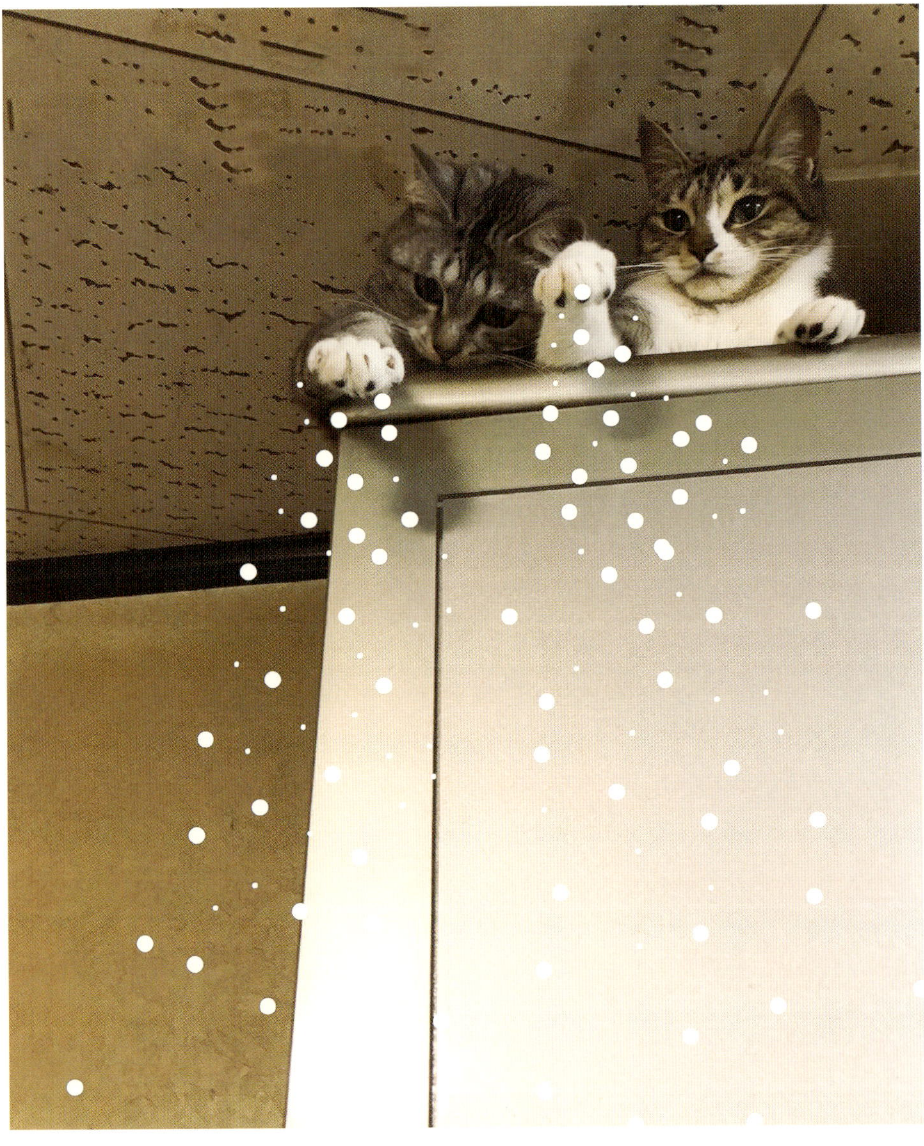

手についた猫砂をふりかける。

1

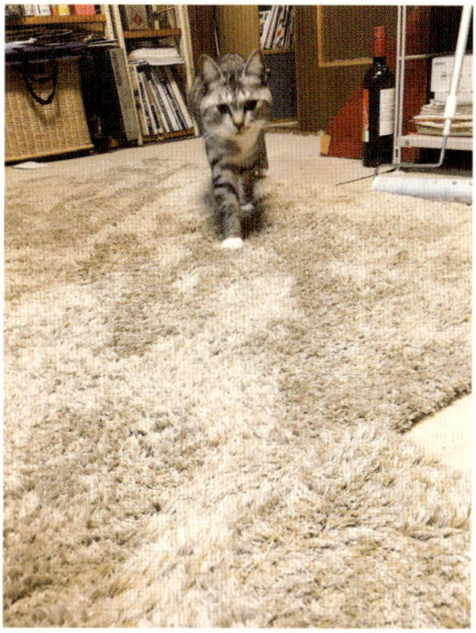

2

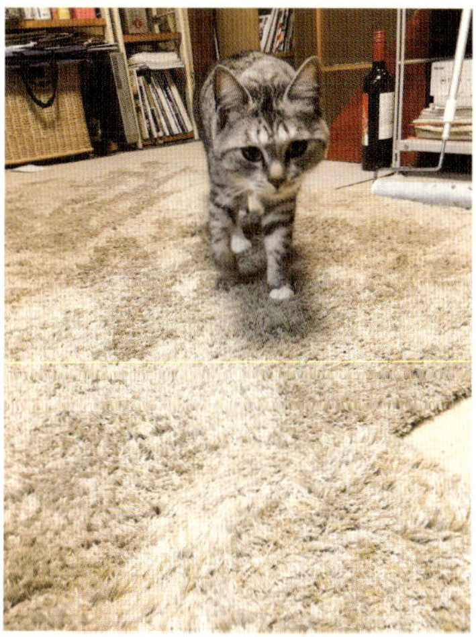

3

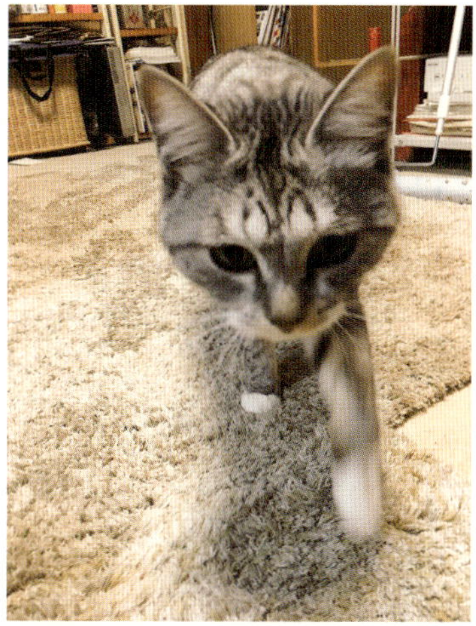

4

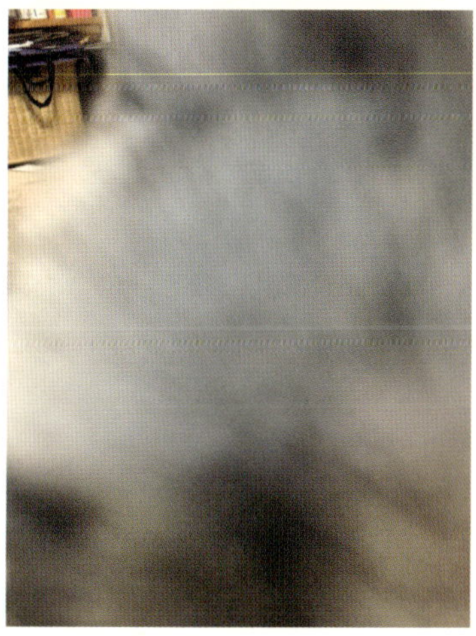

だ── るまさんが、こーろ── んだ！！！

キーボードは全面を覆うべし

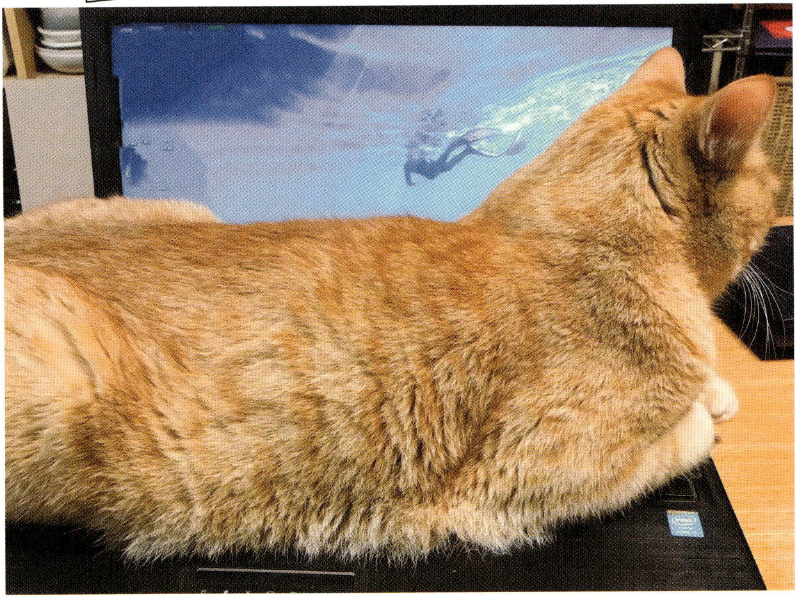

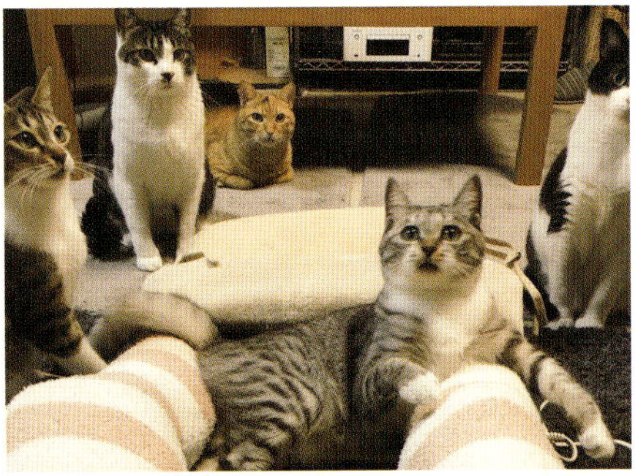

仕事は常に妨害、ヒトを完全に包囲する猫軍団。

テンテンの一言

TENTEN

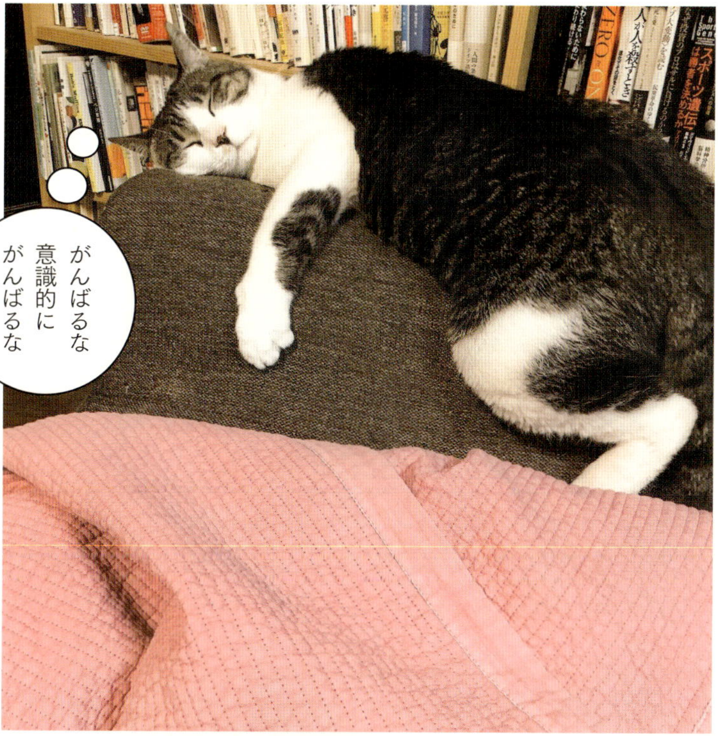

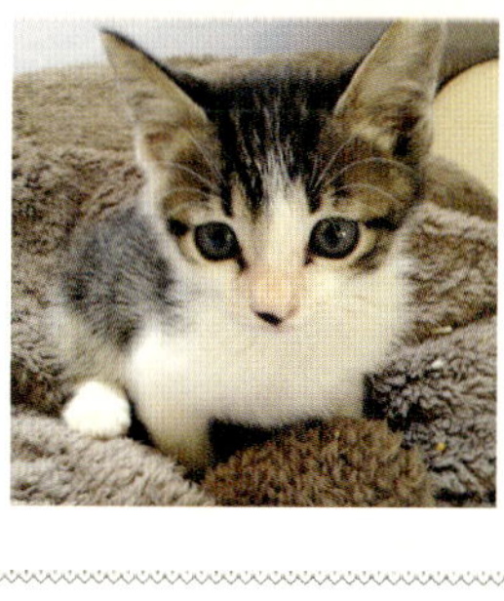

【天使】

「テン氏な小生意気」と
呼ばれていた頃のテンテン

クイズ「君の名は？」

ココニャ家猫軍団パーツ集。誰だかわかるかな？
（答えは下）

【問題１】

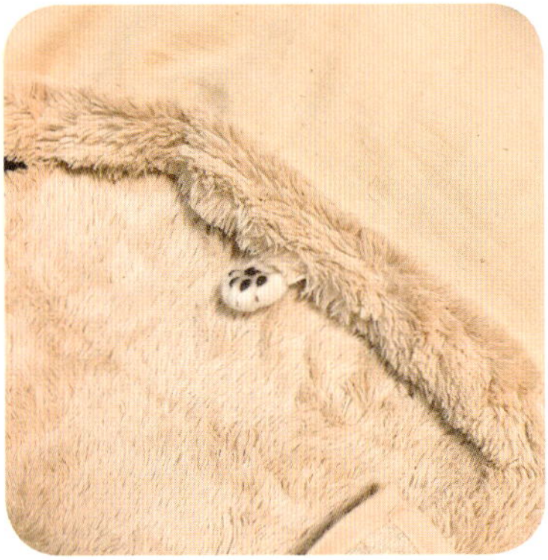

「豆大福」難易度：★★★★★

【問題２】

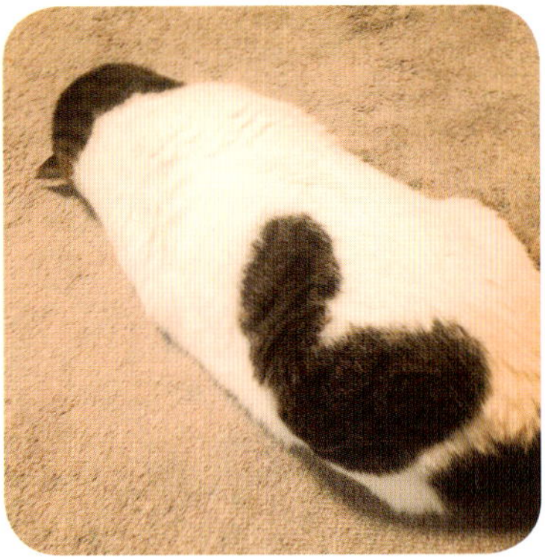

「こっそりハート」難易度：★★☆☆☆

【問題３】

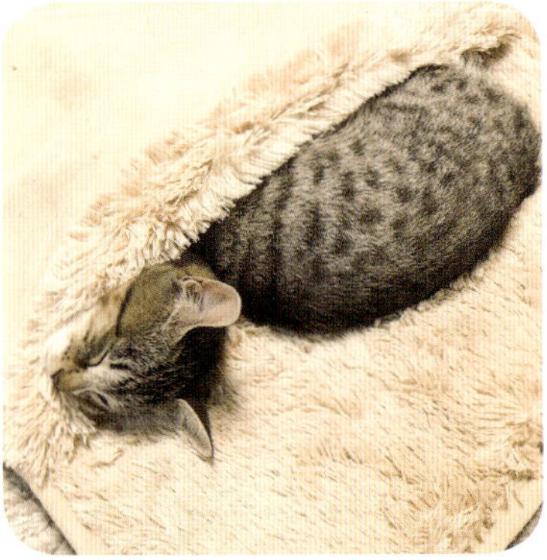

「１匹か２匹か」難易度：★★★☆☆

【問題４】

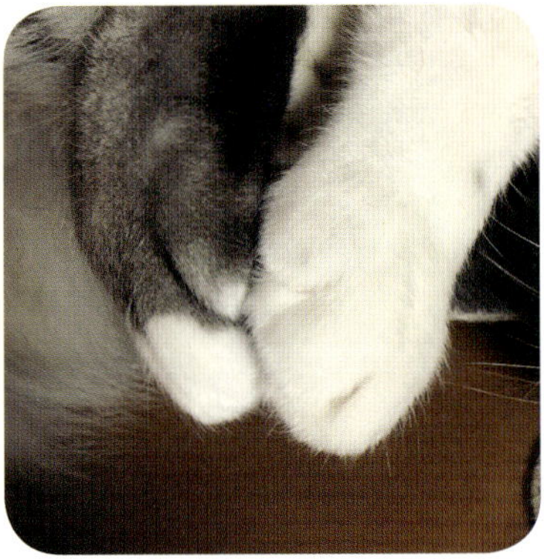

「肉球あわせ」難易度：★★★★☆

【答え１】トラ身　【答え２】中猫　【答え３】トラ身・サバ身　【答え４】トラ身・サバ身

【問題５】

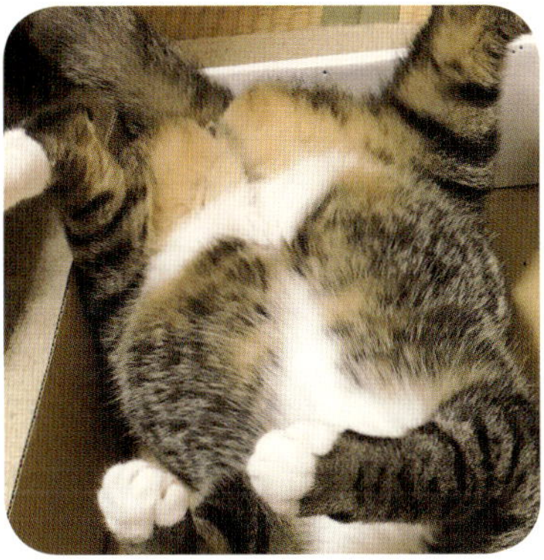

「食い込み白パンツ」難易度：★★☆☆☆

【問題６】

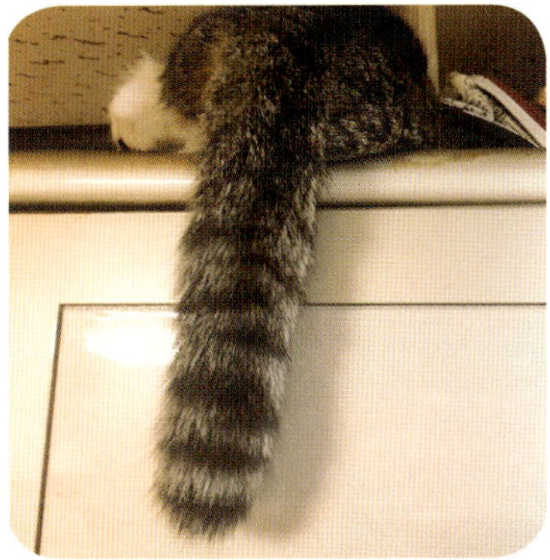

「シマシマ」難易度：★★★☆☆

【問題７】

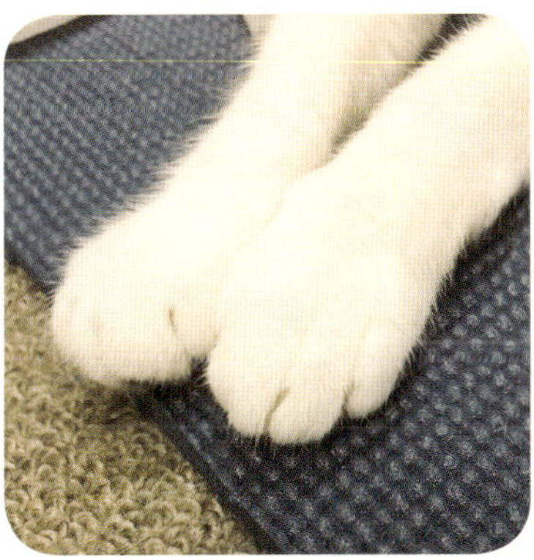

「魅惑の白靴下」難易度：★★★★☆

【問題８】

「ネズミの下には？」難易度：★★★★★

【答え５】実家猫はな　【答え６】トラ身　【答え７】トラ身　【答え８】中猫

紀州の国の猫だもの　和歌山発の猫と美味しいものをちらっと。

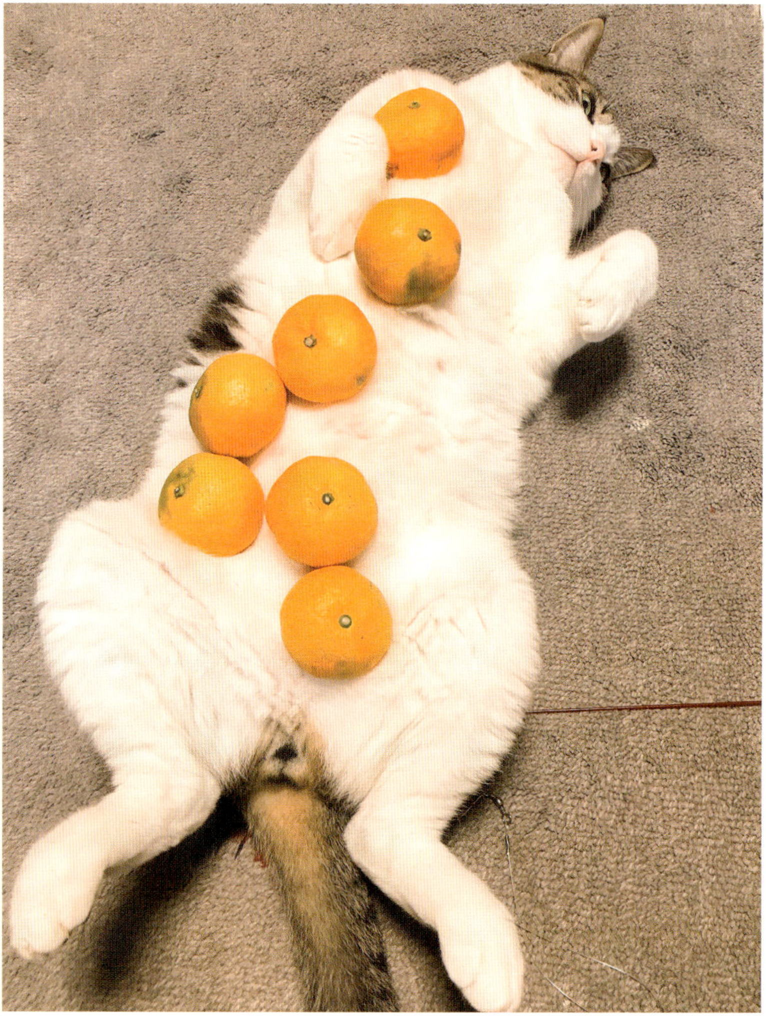

和歌山の猫はみかんを標準装備しています。

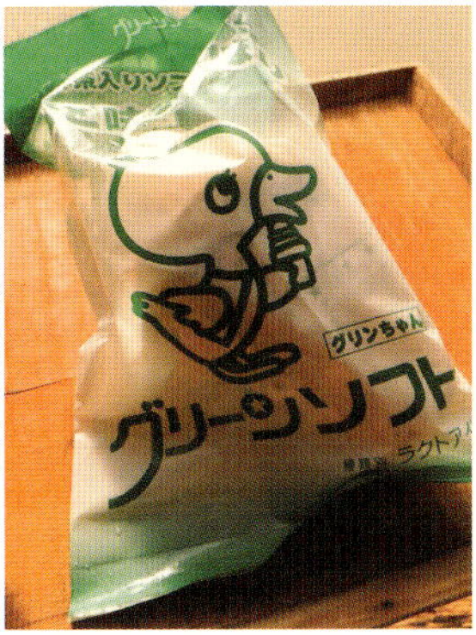

和歌山県民に長く愛される抹茶ソフト、
「グリーンソフト」（株式会社玉林園）。

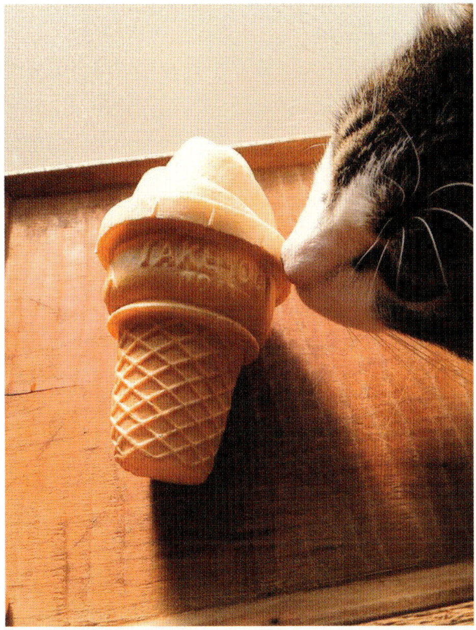

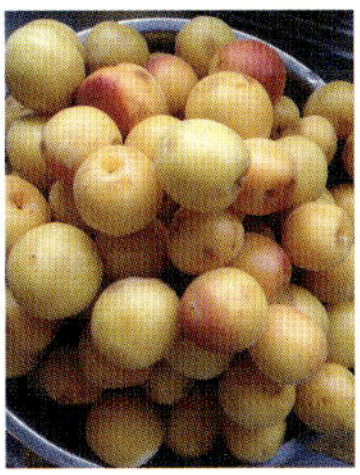

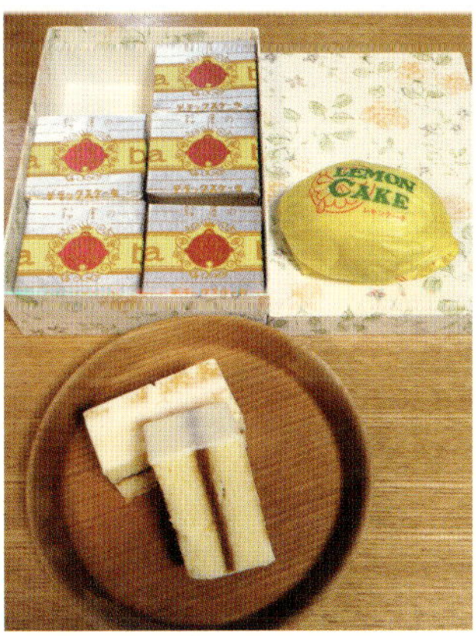

和歌山ではみんなに知られているスイーツ、鈴屋の「デラックスケーキ」（鈴屋菓子店）。「レモンケーキ」も美味。

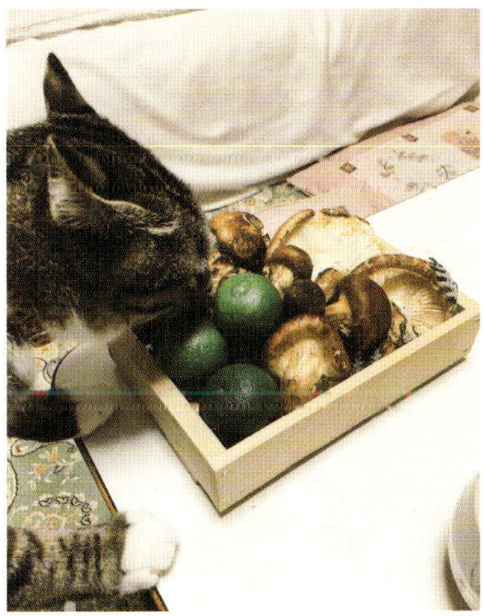

和歌山産の松茸を
チェックする実家のはな。

あとがき

「膝のうえのともだち」という町田康さんの本のタイトルを見たときに、猫と自分の関係を例えるならばその一言に尽きるのではないかと思いました。

例えばつらいつらい出来事があったとして、帰宅してふらふらと座り込むヒトの膝に猫はやってきます。膝から上を見上げ「にゃあ」とひと鳴き。「大丈夫？」なのか「ごはんくれ？」なのか。そんな猫の様子にこころのトゲは抜け落ち、ヒトは少し笑って立ち上がり部屋の明かりをつけ猫のごはんを用意するのです。持ちつ持たれつ。きみたちがいてボクがいる。猫とはわたしにとって「寡黙で優しいともだち」、そういう存在です。

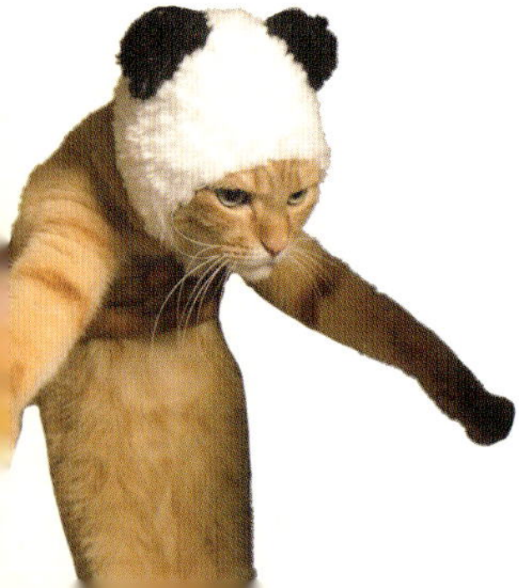

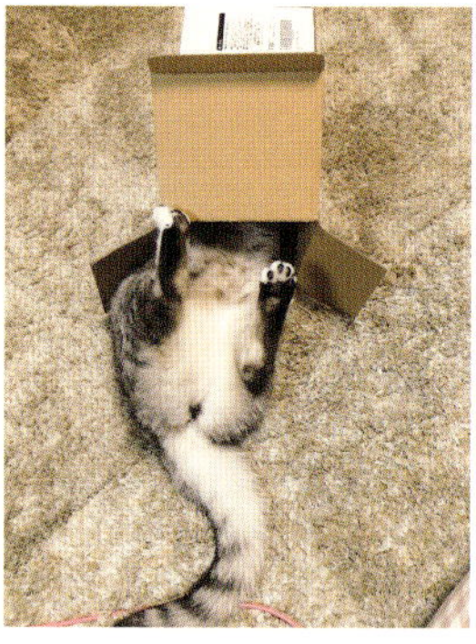

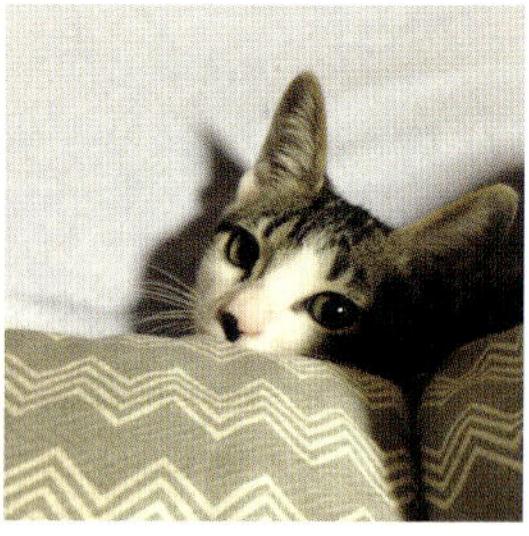

6匹（＋1ワン）の友達との日々は時に戦場と化します。むっさんとテンテンの抗争に巻き込まれ負傷したり、張り替えても張り替えても障子を破られたりパソコンのキーボードの上に吐かれたり……多頭飼いともなれば、こういう事態もひっきりなしに起こるといっても過言ではありません。

しかしながら、そんなことは些細なことです。負傷したら消毒すればいいし、障子を破られたら貼り直せばいい。キーボードは拭けばいい。

そんなことよりね、猫は可愛いんです。

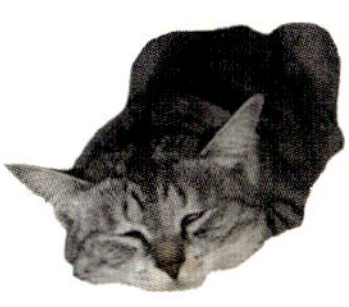

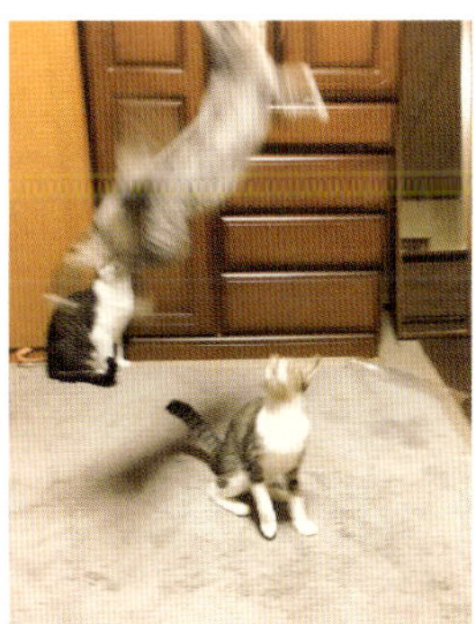

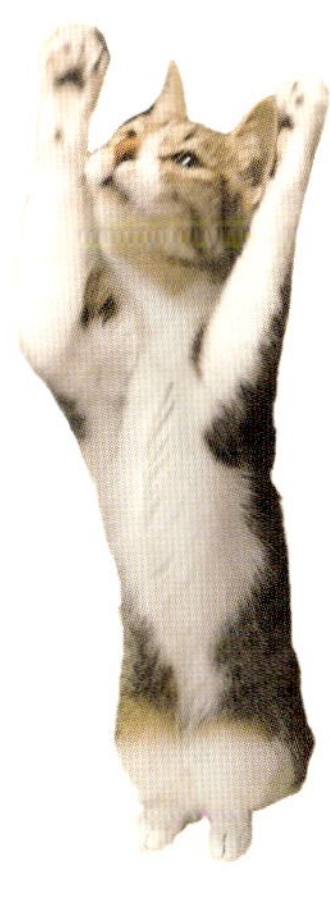

いってしまえばね、ケンカしてうなり合ってるのも可愛いし障子を破っている姿も可愛いし吐いたのを拭き取っているヒトの横で申し訳なさそうに座っている姿も可愛いんです。多頭飼いのいいところはね、そういう可愛い様子をたくさんたくさん目に出来るとこです。たまりませんよ毎日毎日「無駄なことなど何一つない!! しゃぶりつくせ猫のかわいさ!!」状態です。（「こんな猫好き見たことない」と人はいいます）

そんな可愛い友達とのにぎやかな日々はこれからも続いていきます。「おもしろき　ことする猫を　おもしろく」をモットーにこれからもそんな猫たちの様子を沢山伝えていけたらいいなと思います。最後まで読んでいただきありがとうございました。

ココニャ

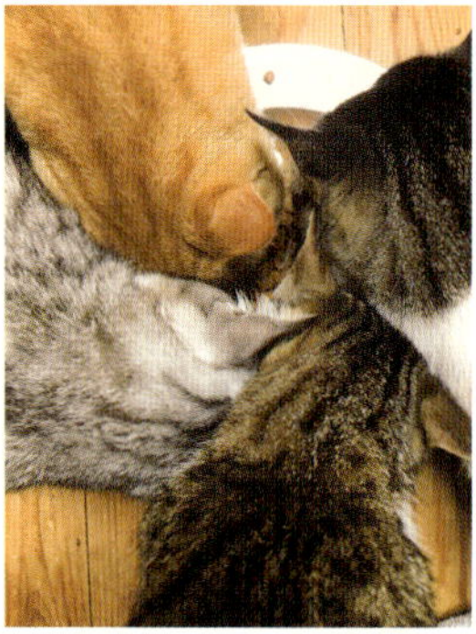

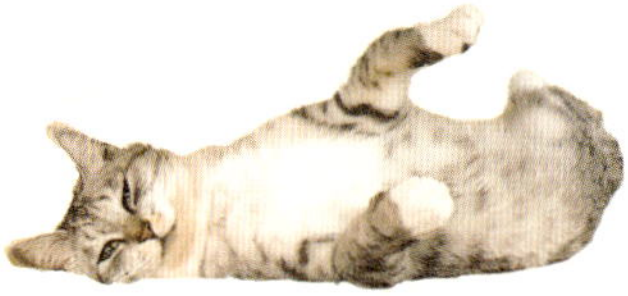

真夜中の障子SP

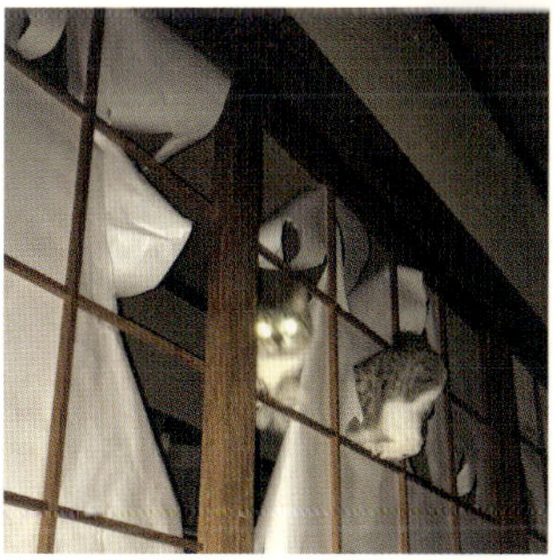